누구나

멘사 수학 퍼즐

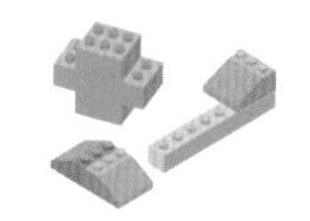

누구나
멘사 수학 퍼즐

초판 1쇄 인쇄일 2019년 1월 24일
초판 1쇄 발행일 2019년 2월 1일

지은이 박구연
펴낸이 김지영 **펴낸곳** 지브레인Gbrain
제작 · 관리 김동영 **마케팅** 조명구

출판등록 2001년 7월 3일 제2005-000022호
주소 04021 서울시 마포구 월드컵로7길 88 2층
전화 (02)2648-7224 **팩스** (02)2654-7696

ISBN 978-89-5979-582-6(03410)

- 책값은 뒤표지에 있습니다.
- 잘못된 책은 교환해 드립니다.

누구나 멘사 수학 퍼즐

박구연 지음

Gbrain
지브레인

머리말

우리는 일상생활에서 과학적 아이디어로 알게 모르게 수혜를 많이 받고 있습니다. 뚜껑을 따거나, 손톱을 자를 때는 지렛대의 원리를 이용합니다. 건물의 튼튼한 구조와 엘리베이터 버튼의 배열에도 과학적 아이디어가 숨겨져 있습니다. 이제 5G 시대를 맞이한 우리는 일상생활 속에서 더 많은 아이디어를 내놓으며 빠른 대응과 해결 방법 등을 찾아보게 됩니다.

그렇다면 아이디어 생성과 두뇌 활성화를 이룰 수 있는 방법이 있을까요? 두뇌를 훈련하면 됩니다. 그리고 퍼즐은 훌륭한 도구가 되어줄 것입니다.

이 책에는 어린이부터 어른까지 누구나 즐길 수 있는 문제들을 소개하고 있습니다. 다양한 난이도로 인해 예상을 벗어나는 어려운 문제도 있습니다. 퍼즐은 문제 출제자의 의도를 빠르게 파악하는 것이 중요한데, 여러분의 두뇌를 자극하며 자유로운 사고력을 동원해 다양한 문제를 풀면서 향상시켜 보세요.

한 문제 한 문제 풀어갈수록 성취감과 함께 자신감이 자라면서 고난도의 문제 해결에도 직 · 간접적으로 많은 도움을 받게 될 것입니다.

《누구나 멘사 수학 퍼즐》을 풀다 보면 유명한 수학자들의 명언이 생각날 수도 있습니다. 아이작 뉴턴은 '진실은 복잡함이나 혼란함 속에 있지 않고, 언제나 단순함 속에서 찾을 수 있다'라고 했습니다.

다양한 문제 유형을 제시하는 퍼즐을 통해 어려운 문제도 단순하게 또는 역발상의 사고력을 키우거나 다양한 생각을 통해 한 문장, 한 단어가 주는 암시에도 해결방법을 찾게 되는 경험은 우리 삶을 도울 수도 있을 것입니다.

칸토어의 '수학의 본질은 자유로움에 있다'는 말 속에서는 상상의 공간은 무한하며 이는 모든 학문에 적용된다고 봐도 무방합니다. 그리고 이는 멘사 퍼즐에도 적용될 것입니다.

이 책에서 기하학과 수학의 아름다운 패턴과 만남을 가져보십시오. 더불어 여러분의 창의성에 날개를 달아보시길 바랍니다.

박구연

CONTENTS

누구나
멘사 수학 퍼즐

톱니바퀴의 숫자

두 톱니바퀴가 서로 맞물려 회전하고 있습니다. **?**에 알맞은 숫자를 구하세요.

답 114P

아래의 두 단어를 '동물원에 빨리 가자'는 의미가 되도록 단어를 바꾸어 보세요.

zoop seed

답 114P

다른 문양 찾기

문양의 특성이 다른 하나를 찾아보세요.

②

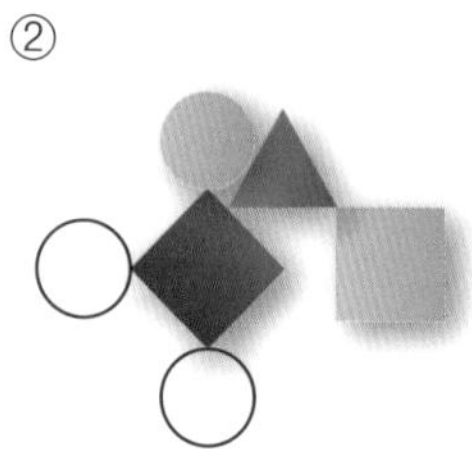

③

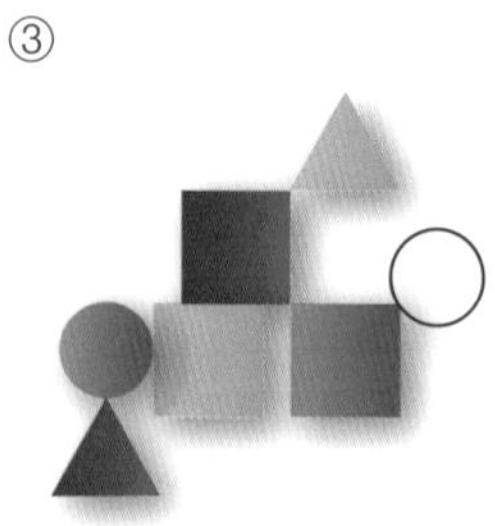

⑤

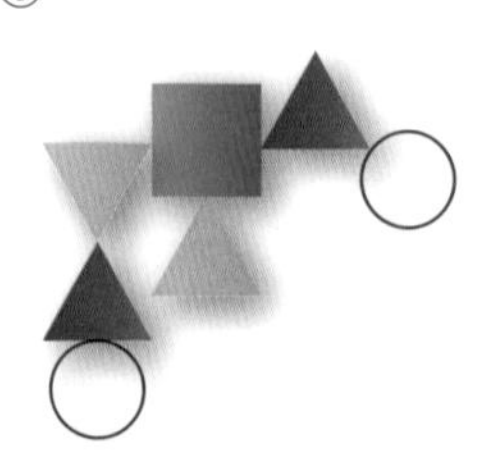

답 114P

햄스터 한 마리를 반드시 포함하는 4칸짜리 5개와 5칸짜리 1개로 나누어 보세요.

답 114P

5 숫자 맞추기

다음 숫자들의 조합을 보고 ?에 알맞은 숫자를 구하세요.

 답 114P

아래 두 개의 단어의 배열을 바꾸면 1개의 단어가 됩니다. 무슨 단어일까요?

답 115P

7 별자리

파란 하늘에 8개의 별이 반짝이고 있습니다. 2개의 별만 움직여 숫자를 만들어 보세요.

답 115P

순서 없이 뒤섞여 있는 아래 글자들을 바른 문장으로 바꾸어 보세요.

들 고 버 는 건 에 시 는 날

돈 세 이 숨 강 숨 하 많 에 요

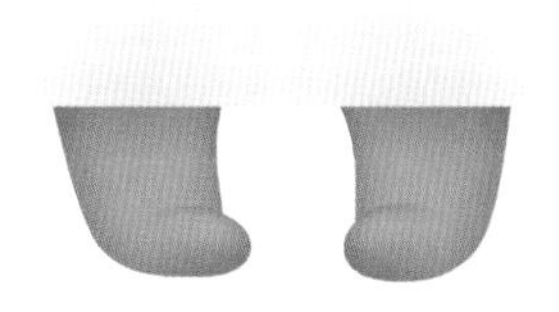

답 115P

9 수열

나열된 숫자의 규칙을 찾아 **?**에 알맞은 숫자 하나를 구하세요.

15192031355055 [?]

 답 115P

?에 알맞은 숫자를 구하세요.

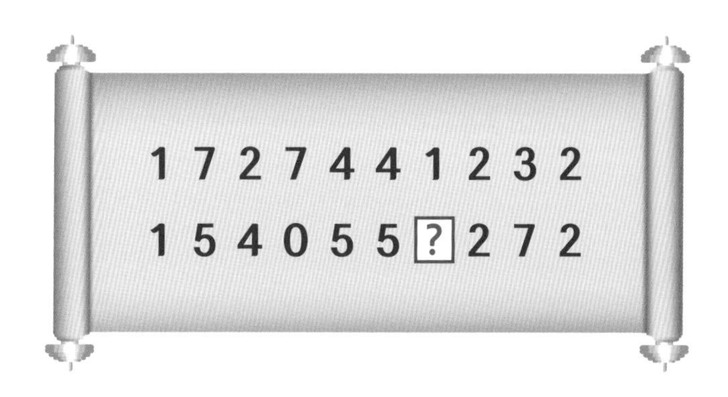

답 116P

11 알파벳 정사각행렬

아래 정사각행렬에는 알파벳 A, C, E, F, G, O, S, T, W가 있습니다. ①~⑤의 조건에 따라 위 9개의 알파벳을 넣어 보세요. 이렇게 완성한 알파벳을 행으로 읽었을 때 단어 3개가 만들어져야 합니다.

① 정사각행렬의 정중앙에는 A가 있다.

② 3열에는 모두 자음만 있다.

③ 각 행에는 반드시 모음을 1개씩 포함한다.

④ G는 대각선 방향으로 A를 기준으로 E와 대칭이다.

⑤ C는 대각선 방향으로 A를 기준으로 F와 대칭이다.

답 116P

오각형에 있는 숫자들을 보고 ?에 알맞은 숫자를 구하세요.

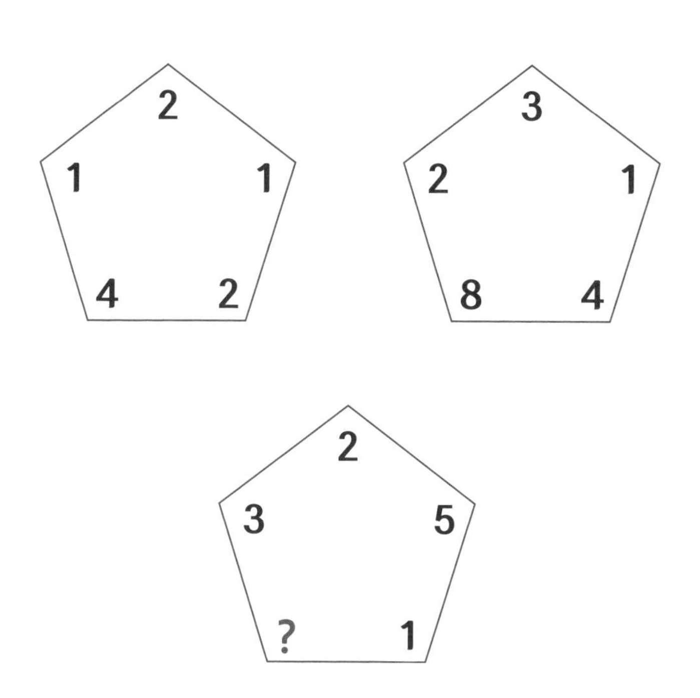

답 116P

13 달력 속의 암호

스파이가 호텔에 체크인한 후 자신이 묵은 호텔 객실의 달력에 아래와 같이 2가지의 암호를 표시했습니다. 두 암호는 의미가 같은 한 글자입니다. 무엇일까요?

2018. 09

Sun	Mon	Tue	Wed	Thu	Fri	Sat
						①
②	3	4	⑤	6	7	8
9	10	11	12	13	⑭	15
16	17	18	19	20	21	22
23	24	25	26	27	28	29
30						

2018. 11

Sun	Mon	Tue	Wed	Thu	Fri	Sat
				1	2	3
4	5	6	7	8	9	10
11	12	13	14	⑮	16	17
18	⑲	20	21	22	23	24
㉕	26	27	28	29	30	

답 116P

아래 도형은 어떠한 규칙에 따라 나열된 것입니다. 육각형에 들어갈 모양은 어떻게 구성이 되어야 하는지 보기에서 골라보세요.

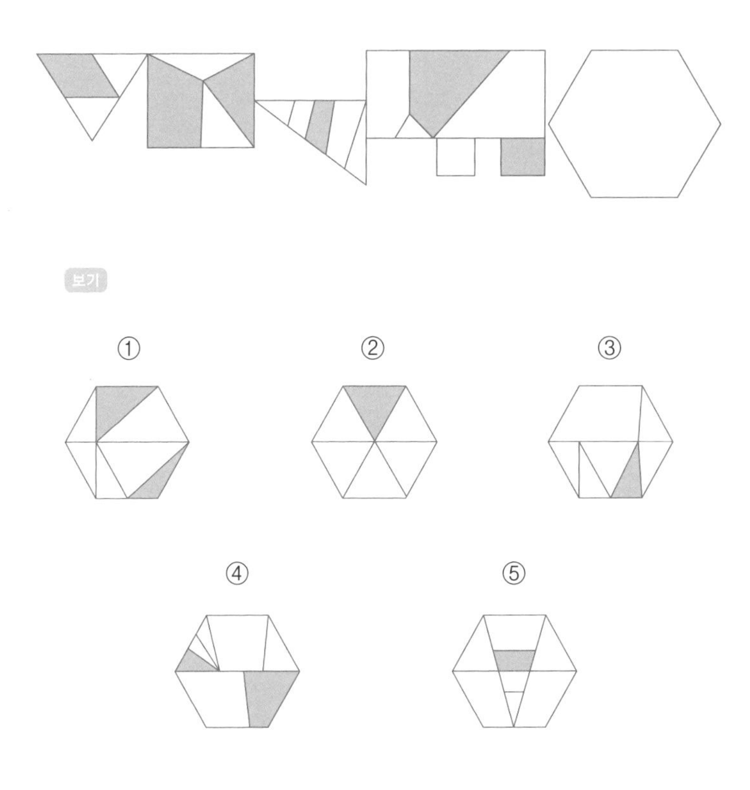

답 116P

15 문장제 퍼즐

다음 글을 읽고 내용이 올바른 문장을 골라보세요.

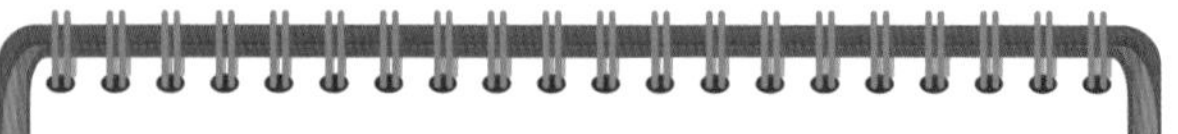

2035년 어느 날, 인선이는 공항에서 비행기에 탑승할 것이다. 요즘은 얼굴이나 지문, 손바닥 정맥, 피부 바코드로 수속 절차가 원스톱으로 진행되기 때문에 순식간에 끝난다. 비행기 대기 시간도 20여 년 전보다 $\frac{1}{3}$로 단축되었다.

수하물 서비스도 좋아져서 여행 후 집까지 짐을 들고 갈 필요도 없다. 단순한 인증으로 택배 서비스를 이용할 수 있기 때문이다. 집으로 갈 때 리무진 버스도 대기할 시간이 별다르게 필요 없다. 충원 인원인 50명이 차지 않아도 승객 개개인별 데이터 시스템으로 하차 장소를 파악해 경로가 자유롭기 때문에 크게 신경 쓰지 않고, 2분 내 출발이 가능하다. 리무진 버스도 전기차로 가동되기에 환경오염 방지에도 상당히 기여한다. 경우에 따라서는 공항에서 경비행기 서비스를 한다. 이것은 버스로 3시간 이상 주행해야 도착하는 승객들을 위한 빠른 서비스이다.

 답 117P

그리고 탑승 시간에 늦어서 못 타는 승객에 대한 불편함을 해소하기 위해 각 국가별 여분의 비행기로 예약 장소를 파악한 후 비행하는 서비스도 있다. 전반적으로는 어렵지만 이에 대한 부가서비스로 이전보다 더욱 편리해졌다. 공항 내에 있는 인공 지능 의료 시스템으로 위급환자에 대한 치료도 가능해졌다. 아직은 외과적 수술에는 어느 정도의 한계가 있지만 중 정도의 외상이나 가벼운 통증은 신속히 치료하거나 이에 대한 조치가 제대로 되지 않더라도 화상으로 의사와 진료를 볼 수도 있다. 진통제 또는 소화제 정도의 의약품은 비행기에 항상 비치되어 있다.

① 공항 내에서 복잡한 의료행위도 가능하다.

② 우편 서비스가 편리하므로 결제 서비스가 빠르고 정확하다.

③ 앞으로는 여행객의 소구력은 의료와 택배 서비스이다.

④ 시간의 단축화로 항공에 대한 서비스가 빨라졌다.

⑤ 승객의 수가 너무 적으면 공항 서비스의 사용이 불가능할 수 있다.

16 수열

?에 알맞은 숫자를 구하세요.

 답 117P

올바른 등식 만들기 17

아래 등식을 본 여러분은 단번에 거짓임을 파악했을 것입니다. 올바른 등식으로 재구성해 보세요.

답 117P

18 암석 위의 숫자를 풀어라

아마존을 모험 중인 준영이와 신애는 흥미진진한 아마존 모습에 정신이 팔려 악어가 앞에 나타난 것도 알아차리지 못했습니다. 그때 갑자기 유령이 나타나더니 다음 문제를 풀지 못하면 악어에게 목숨을 내주어야 한다고 했습니다. 이 문제의 답은 무엇일까요?

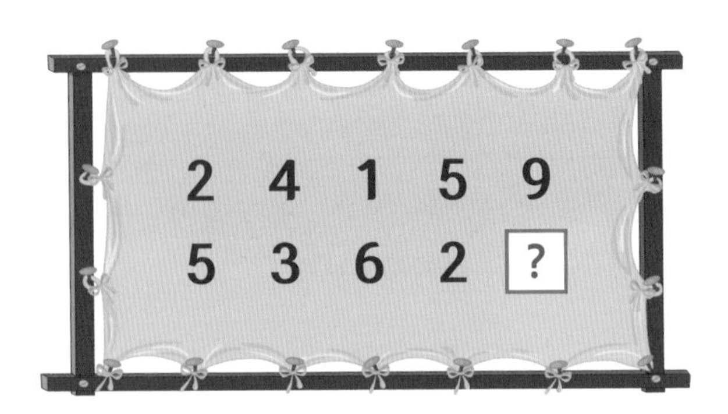

 답 117P

그림에서 원의 개수를 구하세요.

답 117P

20 공작새의 아름다움

공작새 깃털 속 숫자들 사이의 규칙을 찾아 **?**에 알맞은 숫자를 구하세요.

 답 118P

다음 2개의 단어를 사람 이름과 일반 명사로 재조합해 보세요.

narce animal

답 118P

22 도형 규칙

도형 간의 규칙을 찾아 **?**에 알맞은 그림을 보기에서 찾으세요.

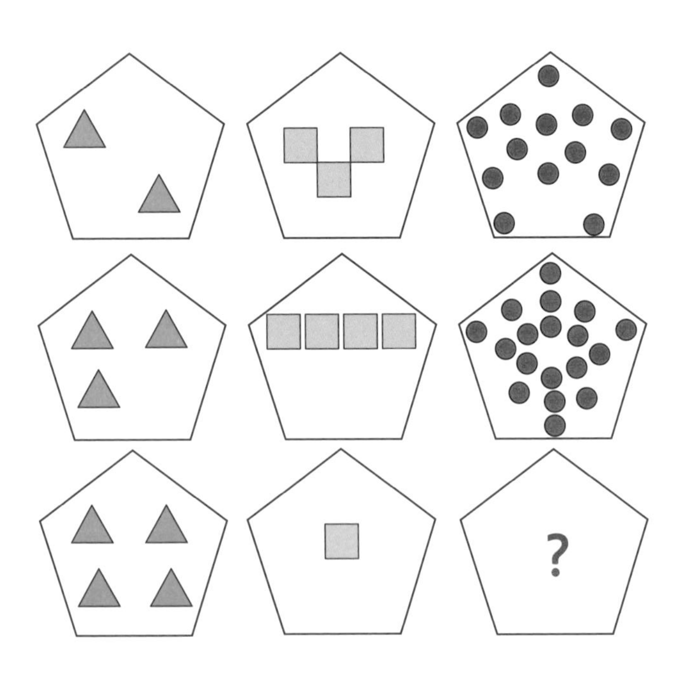

 답 118P

보기

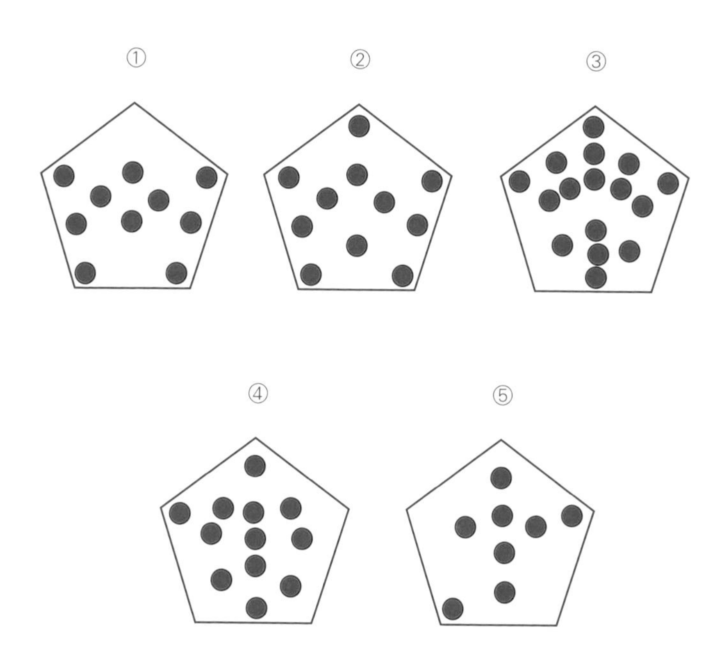

23 시험관 안의 공의 움직임

5칸의 눈금으로 된 시험관이 있습니다. 5번째 시험관에서 공의 위치는 어디일까요?

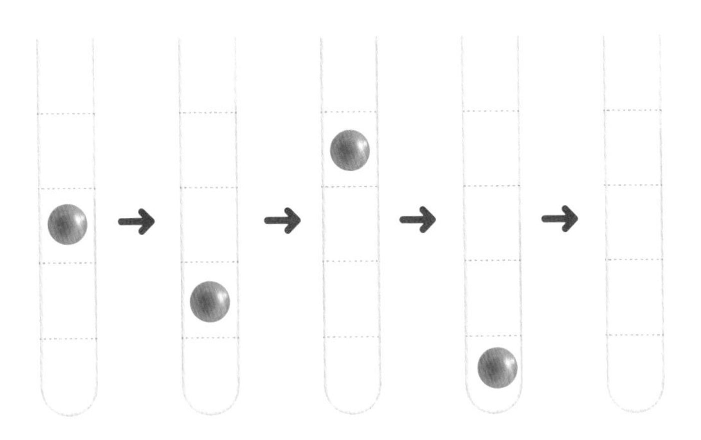

답 118P

유명한 책 제목과 관련된 숫자의 의미를 파악하고, ?에 알맞은 숫자를 구하세요.

카산드라	=0
파우스트	=1
톰 아저씨의 오두막	=3
아르세니예프의 인생	=5
폭풍의 언덕	=?

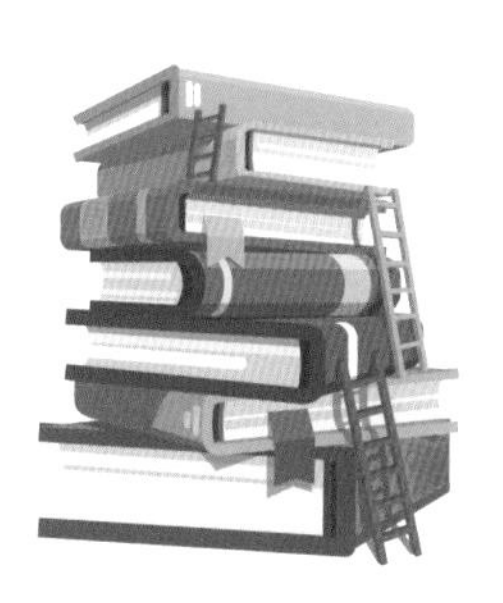

답 118P

25 국기의 구분

아래 5개의 국기는 크게 구분되는 기준이 있습니다. 그 기준에 따라 나누어지는 국기 하나를 골라보세요.

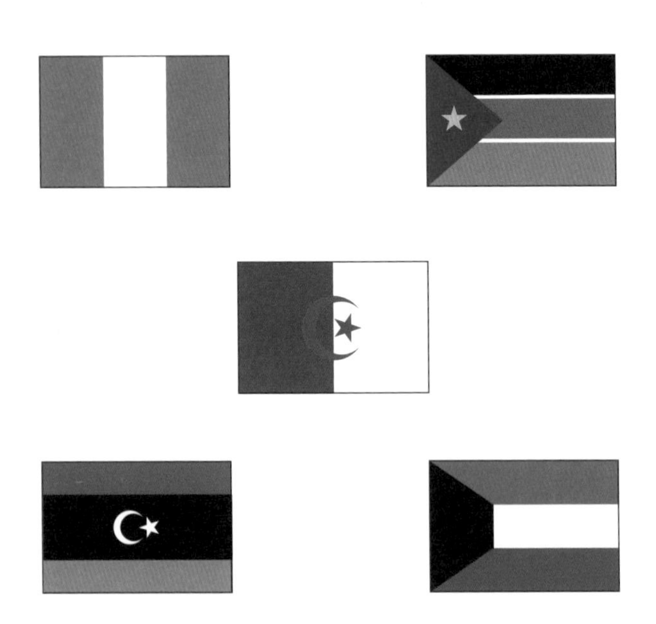

 답 118P

연산 퍼즐 26

다음 계산식에 맞도록 수박과 귤에 알맞은 숫자를 구하세요.

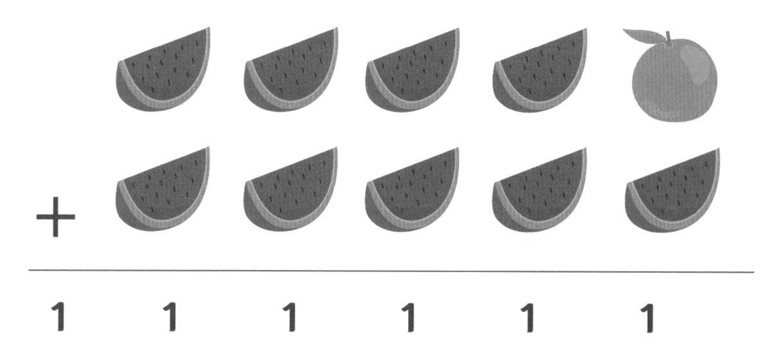

답 119P

27 이상한 연산

과일 기호에 따라 연산을 순차적으로 실행하여 **?**를 구하세요.

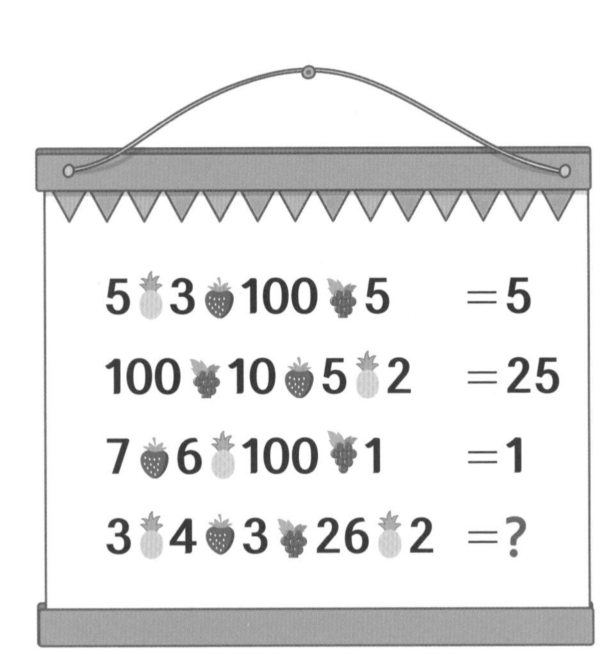

이상한 수열 28

양수가 원준이에게 수열 문제를 냈습니다.

그러자 원준이는 11씩 감소하는 등차수열로 답이 60이라고 대답했습니다. 그러자 양수는 '쉬운 문제가 아닐 수 있어. 다른 관점으로 풀어봐.'라고 합니다. 다른 답이 나온다면 넌센스 문제거나 위트 문제일 수 있습니다. **?**를 풀어 보세요.

답 119P

29 분수의 논리값

다음 분수의 경로를 보고 **?**에 알맞은 숫자들을 구하세요.

 답 120P

영문판의 위치를 오른쪽으로 1번 밀고 아래쪽으로 2번 밀면 가로로 읽어지는 영단어 1개가 생성됩니다. 미는 방향 두 군데를 화살표로 표시해 보세요.

O	A	A	I
B	D	U	Z
S	G	F	E
T	P	W	H

답 120P

31 사인(sign)

빈 칸에 들어갈 기호를 그려보세요.

곱셈이 엉터리로 계산되어 있습니다. 숫자를 이동해 올바른 식으로 만들어 보세요.

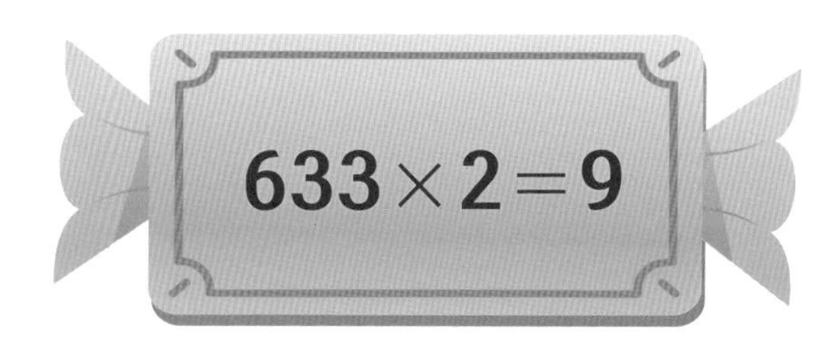

답 120P

33 숫자 구하기

?에 알맞은 수를 구하세요.

답 121P

왼쪽 판을 보고, 오른쪽 판의 **?**에 알맞은 숫자를 구하세요.

답 121P

35 칸 채우기

칸에는 규칙이 있습니다. 이 규칙을 찾아 점선으로 된 빈 칸에 알맞은 그림을 그려보세요.

답 121P

도화지 위에 8개의 그림을 그린 후 9번째 그림을 그리려 합니다. 9번째 그림은 보기 중 어떤 그림이 들어갈까요?

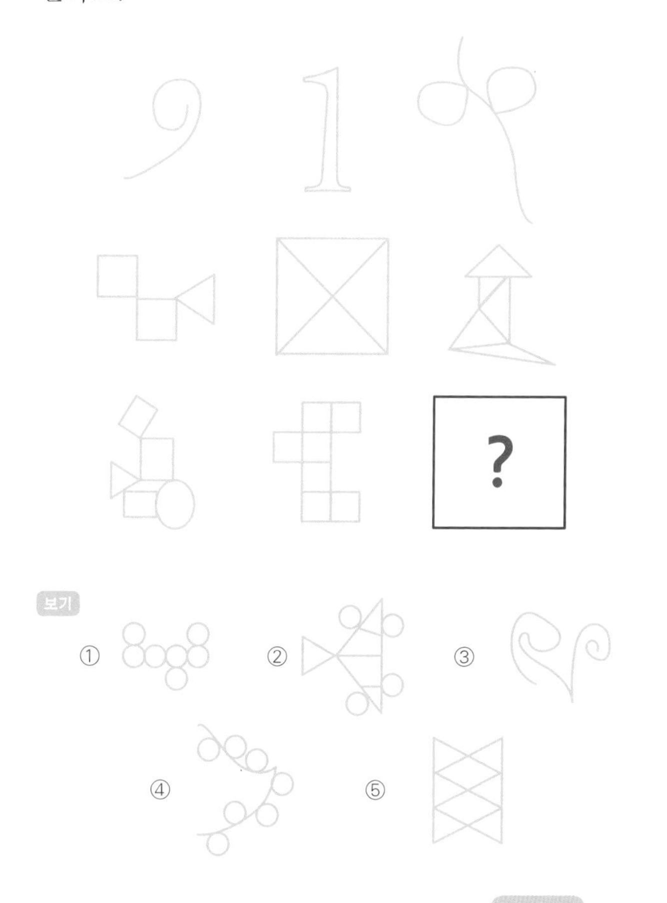

답 121P

?에 알맞은 그림은 무엇일지 글자로 답변해 보세요.

답 122P

?에 알맞은 숫자를 구하세요.

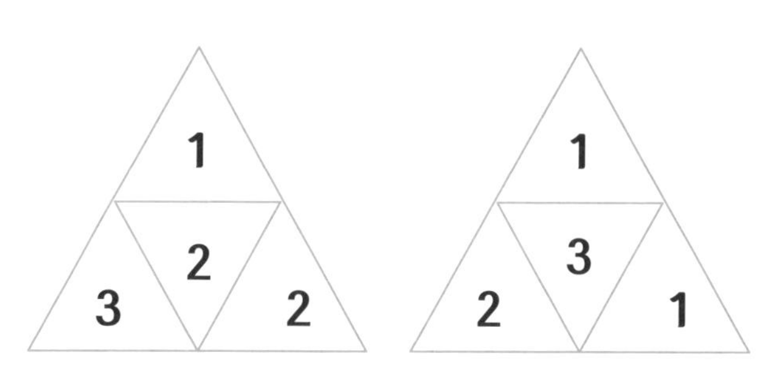

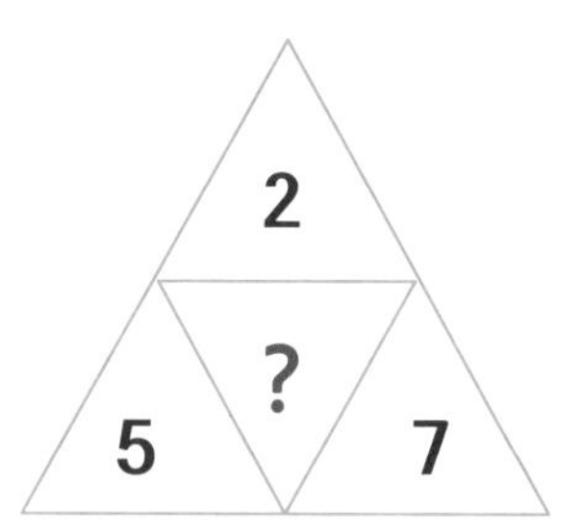

답 122P

39 배열판 안의 숫자

?에 알맞은 숫자를 구하세요.

5	10	?
23	73	88
1121	4321	5326

답 122P

?에 알맞은 숫자를 구하세요.

2	0	1	5	2
1	2	?	1	8
2	6	2	7	4
2	1	2	2	2
2	4	2	3	6

답 122P

숫자를 보고, 빈 칸에 알맞은 숫자를 구하세요.

답 123P

아래 디지털 기호를 보고 **?**에 알맞은 수 또는 기호를 맞추어 보세요.

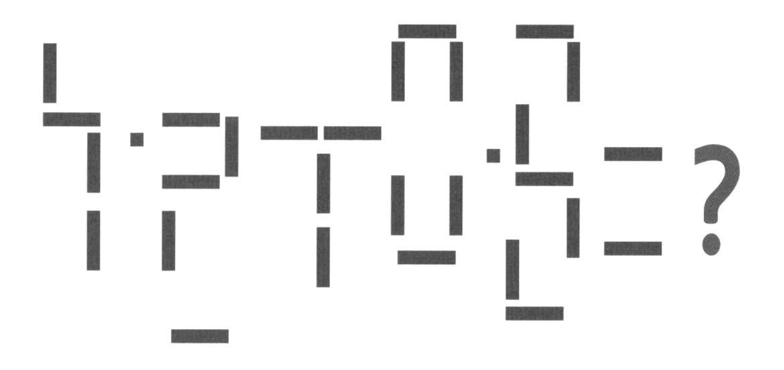

답 123P

43 스틱 과자 퍼즐

?에 알맞은 숫자를 구하세요.

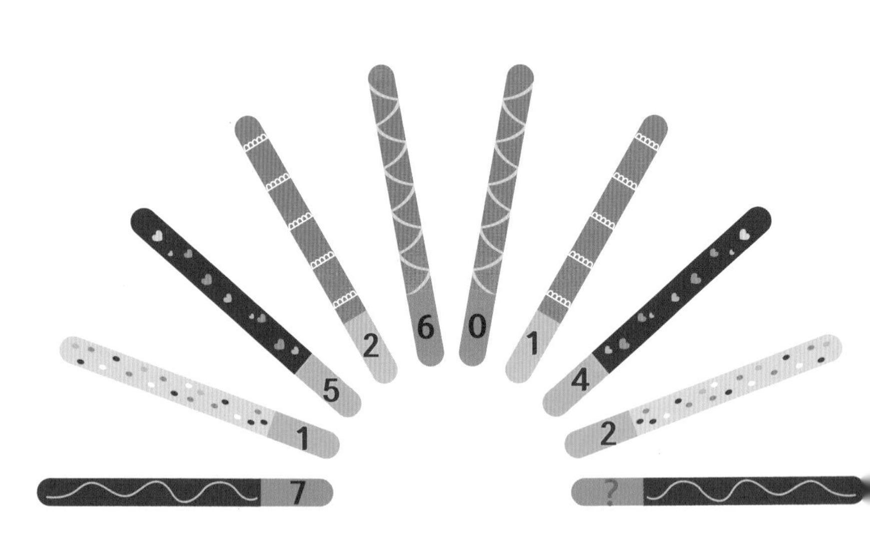

답 123P

?에 알맞은 숫자를 구하세요.

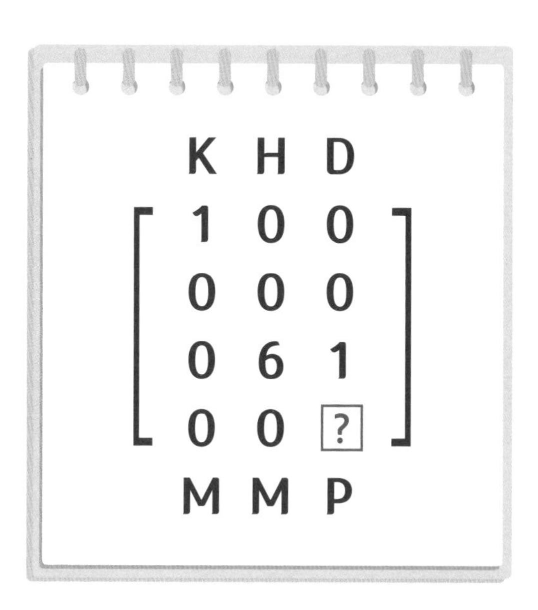

답 124P

아래 한글을 읽어 보세요.

답 124P

박스가 언제 쓰러질지 모르게 아슬하게 쌓여 있습니다. 박스 안의 숫자를 보고 **?**에 알맞은 숫자를 구하세요.

답 124P

47 그림과 숫자

아래 그림을 보고 보기에서 **?**에 알맞은 그림을 골라보세요.

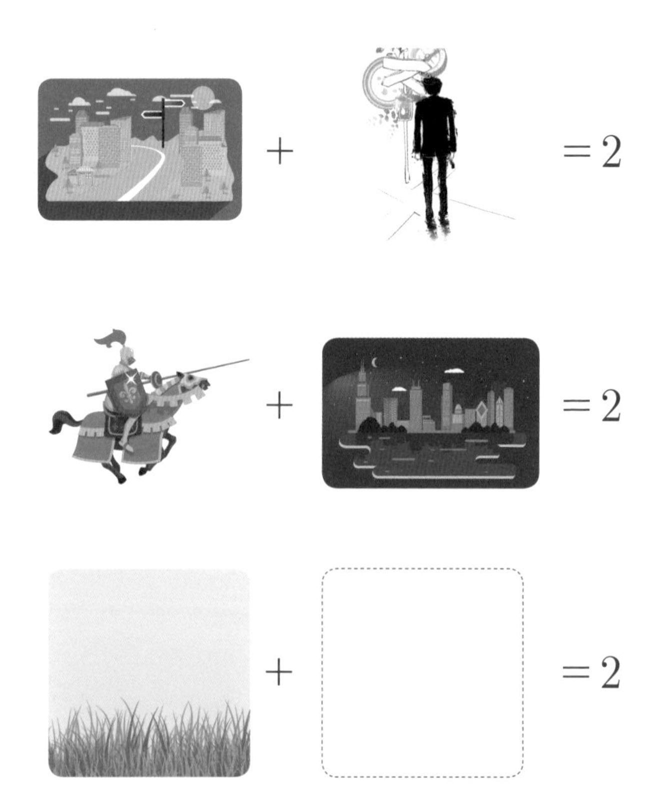

 답 124P

② 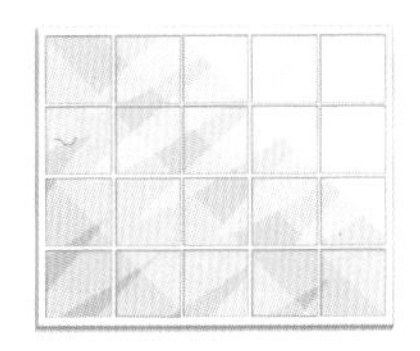

③ 

④ 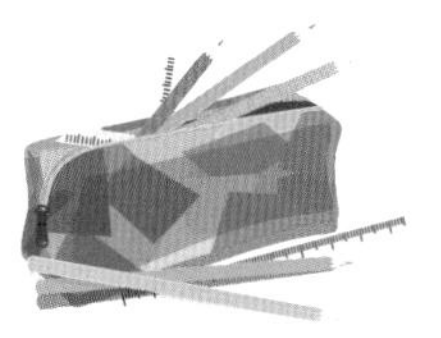

⑤ 

48 다른 그림 찾기

나뭇잎 그림이 다른 하나를 찾아보세요.

답 125P

18개의 벽돌이 순서없이 쌓여 있습니다. ?에 알맞은 숫자를 구하세요.

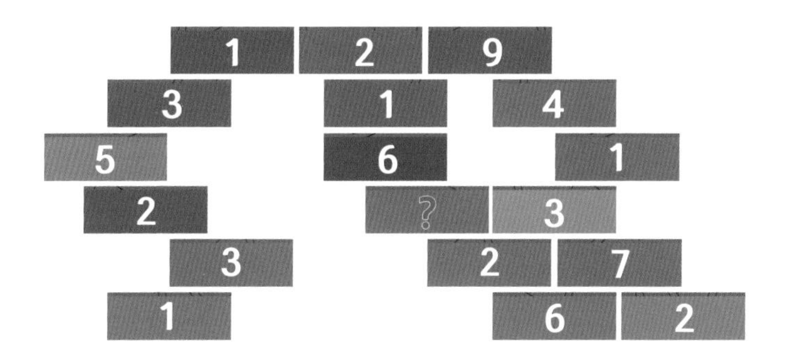

답 125P

50 도형 패턴

다음 도형들의 패턴을 보고 빈 칸에 알맞은 그림을 골라보세요.

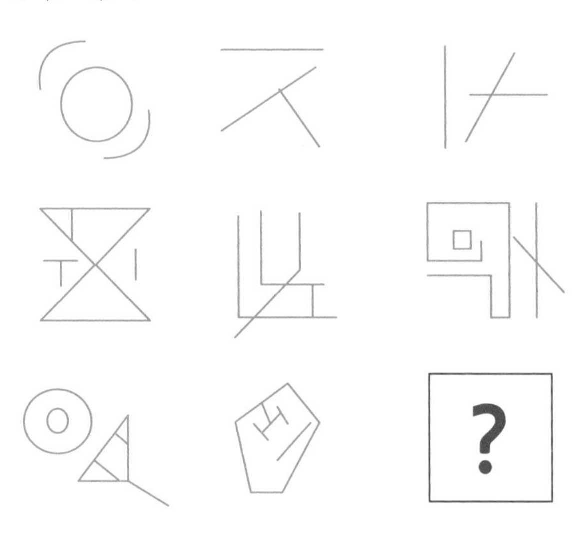

①
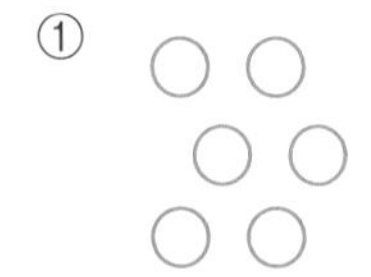

②

③

④
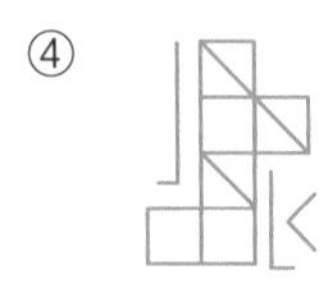

⑤

답 125P

다이아몬드에서 찾을 수 있는 삼각형은 모두 몇 개인가요?

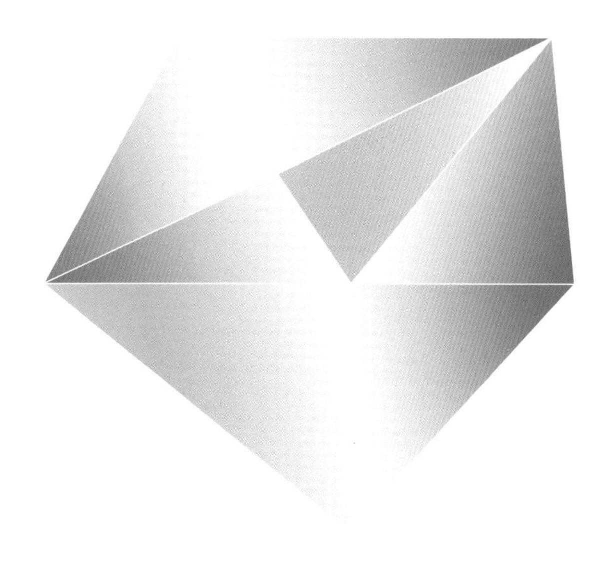

답 125P

?에 알맞은 퍼즐 조각을 그려보세요.

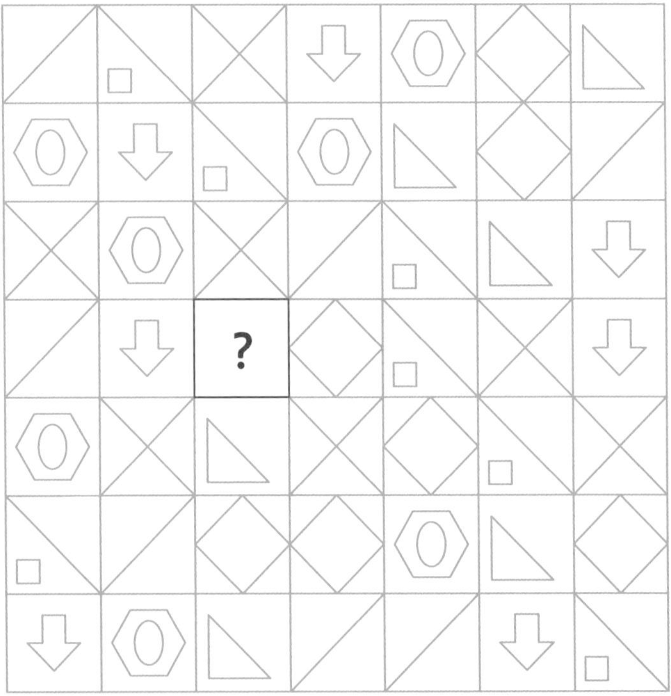

?

답 125P

다음 한자에서 무리수를 찾아보세요.

답 126P

54 탁구

탁구공과 라켓 사이의 관계를 알고, **?**에 알맞은 숫자를 구하세요.

A B A A B B C A C C B B B

A C B C A C B B A A C B A

S30

B A A C A B B A C A C C B

S??

답 126P

아래 숫자를 보고 **?**에 알맞은 숫자를 구하세요.

답 126P

56 도형 안의 숫자

왼쪽 판 안의 숫자에는 어떤 규칙이 있습니다. 오른쪽 판안의 숫자도 같은 규칙을 적용해 **?**에 알맞은 숫자를 구하세요.

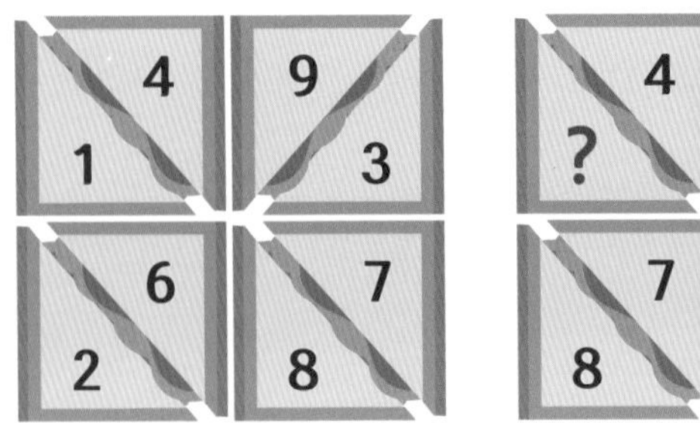

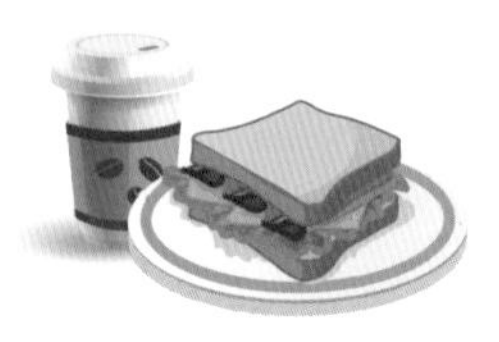

답 126P

이진수 퍼즐

다음 0과 1로 된 이진수를 보고 **?**에 알맞은 숫자를 구하세요.

답 126P

58 원판 퍼즐

원 판을 보고, 규칙을 찾아 빨간 점선 안에 색을 칠해보세요.

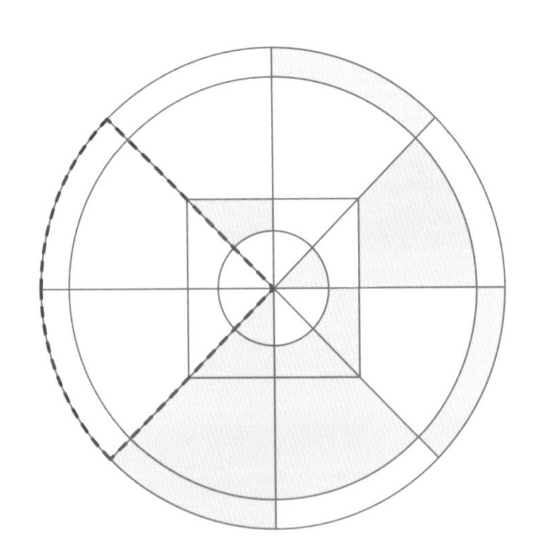

답 127P

아래 숫자를 보고 ?에 알맞은 숫자를 구하세요.

1 0 0 4 0 0 1 1

0 6 0 0 1 0 0 0

0 0 2 0 0 4 0 1

0 1 0 1 0 1 0 4

3 0 3 0 0 0 ? 0

답 127P

60 움직이는 칸

블럭들 속 숫자 사이의 규칙을 찾아 **?**에 알맞은 숫자를 구하세요.

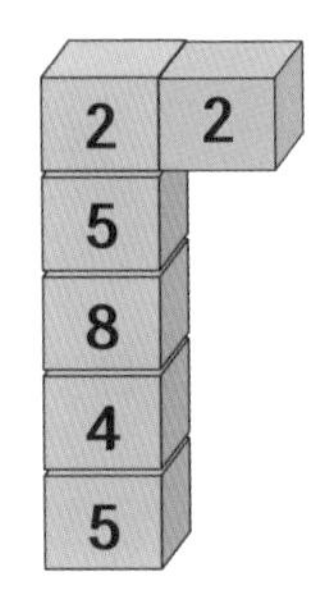

 답 127P

한자와 숫자 간의 관계를 보고 **?**에 알맞은 숫자를 구하세요.

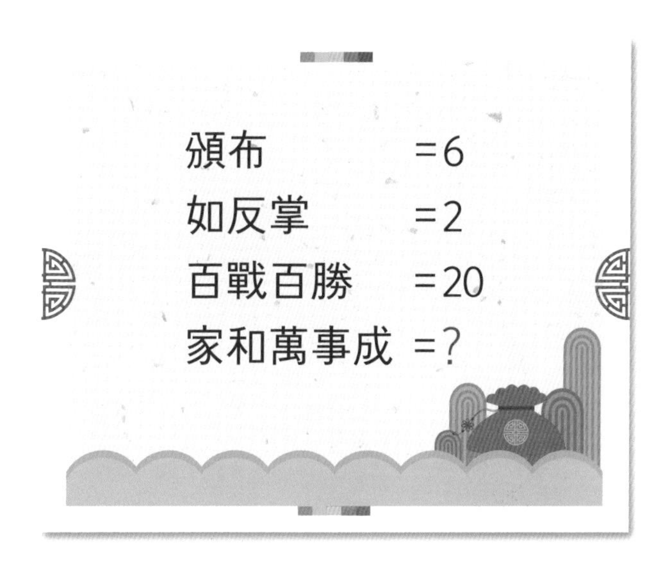

답 127P

62 비문에 쓰여진 신비로운 수

중국으로 여행을 간 미국의 한 수학자가 어느 농촌에서 비석에 쓰여진 한자성어를 보고 깜짝 놀랐습니다. 효필부필부라고 쓰여진 한자성어에는 똑같은 신비로운 수가 3개나 있었기 때문입니다. 그 수를 찾아보세요.

답 127P

아래 그림을 보고 **?**에 알맞은 그림을 보기에서 찾아보세요.

답 128P

64 글자 찾기

어떤 두 글자가 합쳐진 것일까요?

 답 128P

아래 계산법을 파악한 후 ?에 알맞은 숫자를 구하세요.

답 128P

66 알파벳 배열

아래 알파벳의 순서를 보고, **?**에 알맞은 것을 구하세요.

STTSTSTTTSSTSTTSTSTTTSSTSTTSTSTTTSSTSTTSTSTTTSSTSTTSTS

TTTSSTSTTSTSTTTSSTSTTSTSTTTSSTSTTSTSTTTSSTSTTSTSTTTSST

STTSTSTTTSSTSTTSTSTTTSSTSTTSTSTTTSSTSTTSTSTTTSSTSTTST ?

 답 128P

성냥개비 퍼즐

준서는 '인생은 바둑이야'라고 말했습니다. 바둑 한 수 한 수를 두면서 그에 맞게 결과가 이뤄지고 신중해지며 경쟁에서 승부가 나기도 한다는 교훈 어린 의미가 있어서입니다. 그러나 준서의 친구 문준이는 다른 말을 했습니다. '네가 말한 바둑을 이렇게 바꾸면 더 좋은 의미가 돼. 인간은 누구나 이것을 타고난 거 같아.'

성냥개비를 이동하여 문준이가 말한 이 단어를 만들어 보세요.

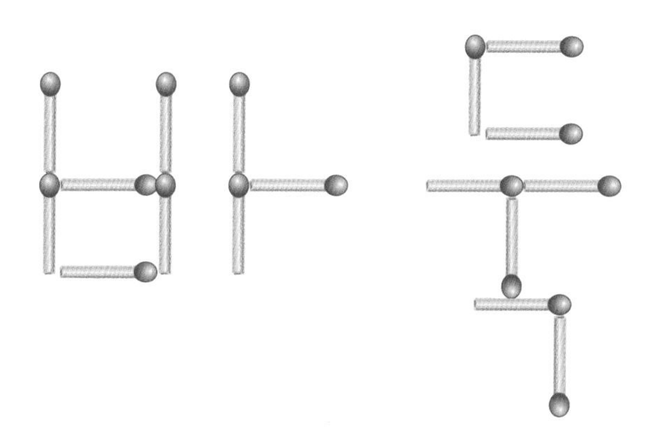

답 128P

68 케이크 안의 숫자

케이크가 2개 있습니다. **?**에 알맞은 숫자를 구하세요.

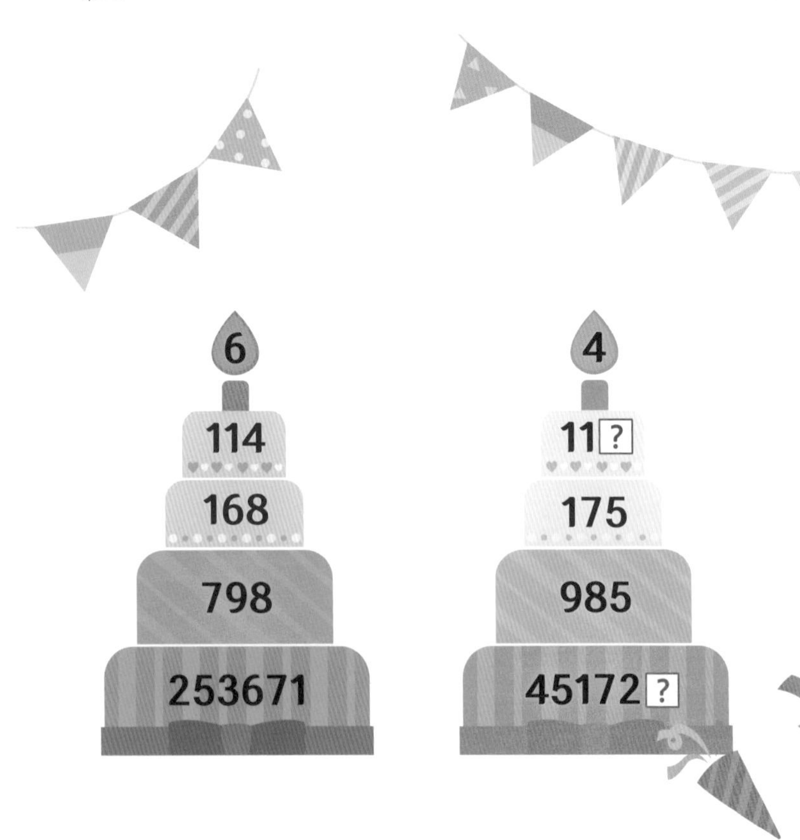

윤철이는 브라질의 한 숲을 탐험하다가 암석에 새겨진 영어 두 단어를 발견합니다. 이 단어들의 순서를 바꾸어 한 단어로 만들면 멋지고도 강력한 상징의 단어가 됩니다. 어떤 단어일까요?

답 129P

70 소수점 아래 숫자

아래 소수는 무한소수로, 규칙을 갖고 있습니다. 규칙에 따라 **?**에 알맞은 숫자를 구하세요.

규칙을 찾아 빈 칸에 알맞은 직선을 그려 넣으세요.

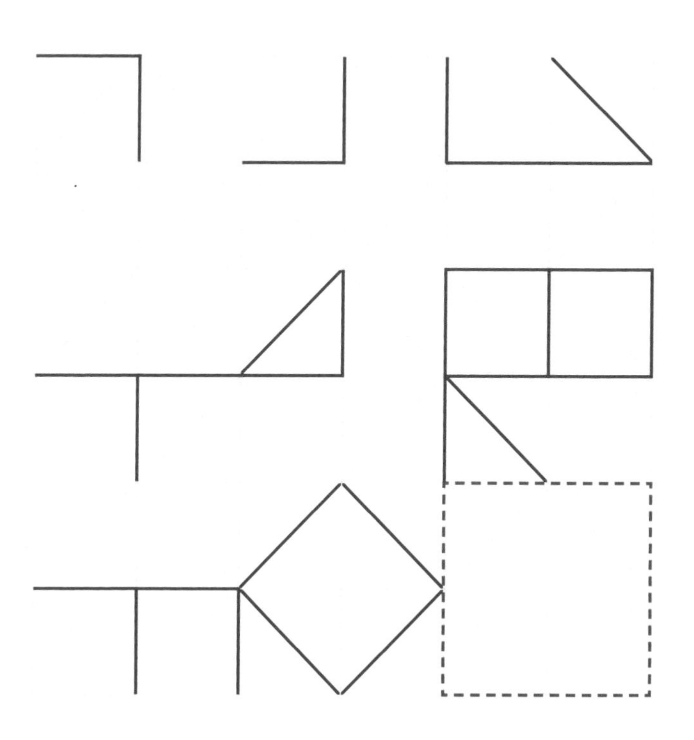

답 129P

72 그림판 분할

새 그림을 반드시 한 개 포함하여 다섯 등분으로 나누어 보세요(단 다섯 등분의 모양은 모두 달라야 합니다).

답 130P

빈 칸에 알맞은 트럼프 카드는 무엇일까요?(단 Q는 숫자 12를 나타냅니다).

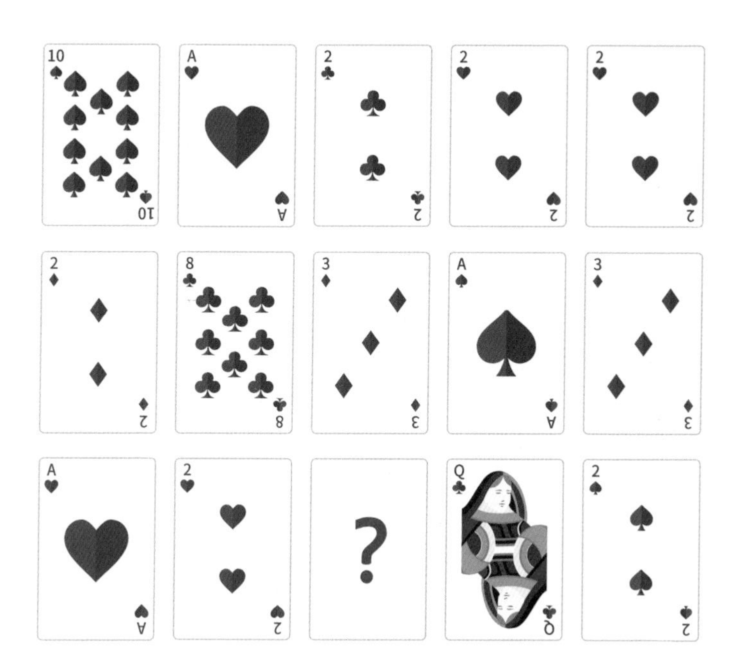

답 130P

74 비례식

비례의 관계를 파악한 후 **?**에 들어갈 그림을 고르세요.

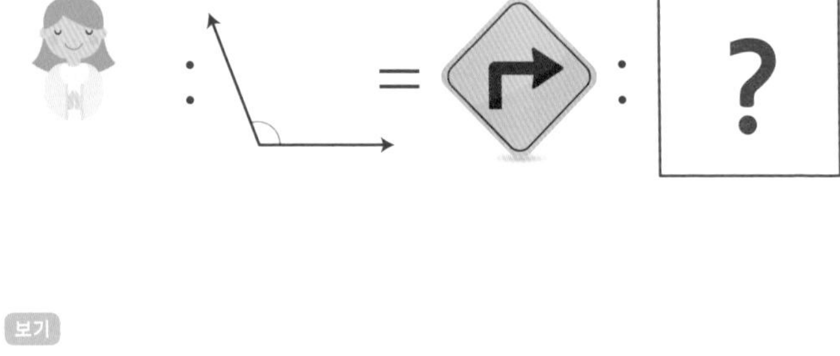

보기

답 130P

다음 중 특성이 다른 그림을 찾아보세요.

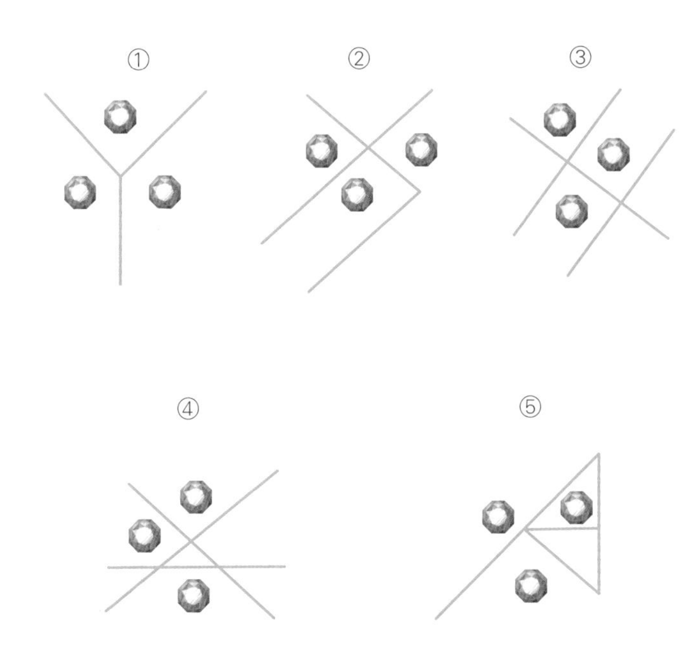

답 130P

76 영어 메시지

혜진이는 30개의 알파벳 중에서 몇 개의 알파벳을 묶어 연결하여 단어를 만들려고 합니다. 바다를 떠올릴 수 있는 단어 4개를 만들어 보세요.

답 130P

수수깡 퍼즐 77

아래 수수깡에서 2개를 빼내어 집을 나타내보세요.

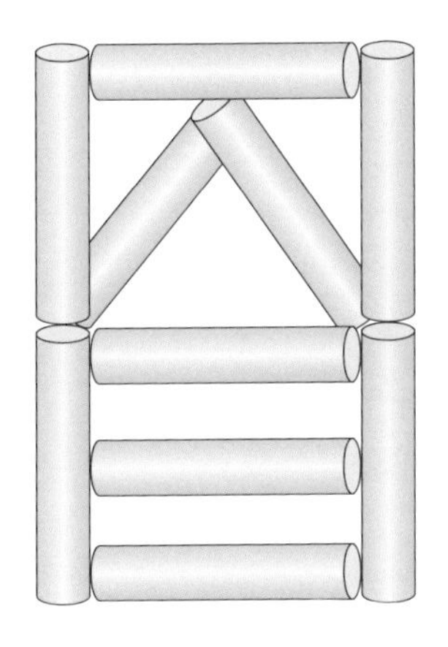

답 131P

78 그림 퍼즐

아래 그림판에서 **?**에 알맞은 그림을 그려 넣어보세요.

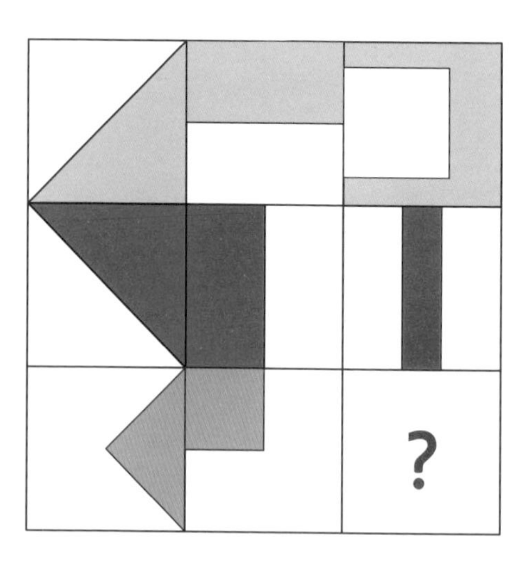

 답 131P

아래 성냥개비를 이동하여 올바른 수식을 완성해 보세요.

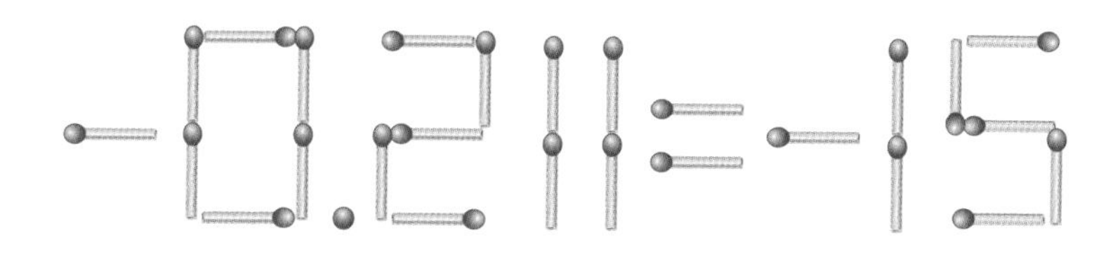

답 131P

80 장래 희망 맞추기

미애는 장래 희망을 칠판에 알파벳 6개로 적었습니다. 그렇다면 미애의 장래 희망은 무엇일까요?

답 131P

아래 풍선에는 빈 칸을 포함하여 9개의 알파벳이 적혀 있어야 합니다. 9개의 알파벳은 모두 다릅니다. 규칙을 찾아 **?**에 알맞은 알파벳을 구하세요.

답 132P

82 블럭 퍼즐

아래 블럭에서 **?**에 알맞은 블럭의 숫자를 구하세요.

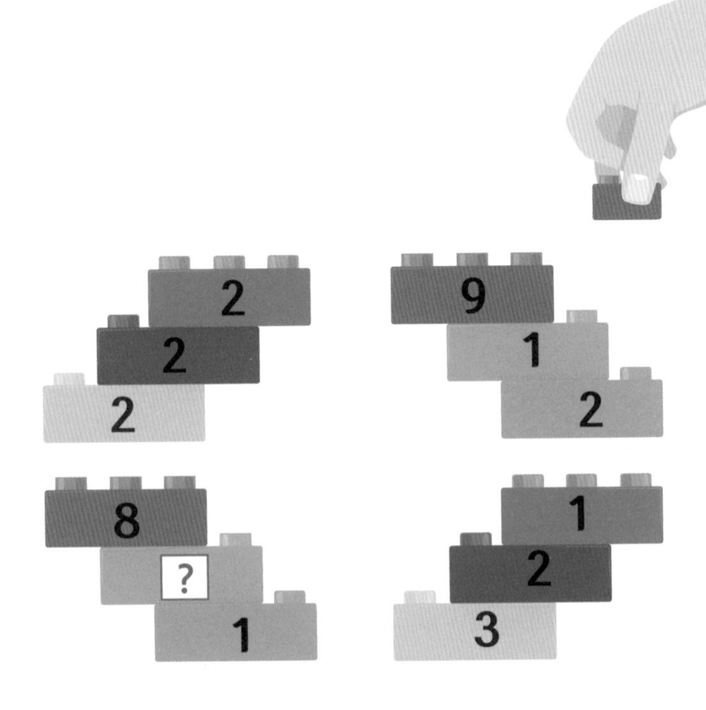

답 132P

?에 알맞은 이미지를 골라보세요.

답 132P

84 숫자 맞추기

로봇의 몸통 안에 쓰인 숫자의 규칙을 찾아 **?**에 알맞은 숫자를 구하세요.

 답 132P

아래 꽃 그림에서 ?에 알맞은 숫자를 구하세요.

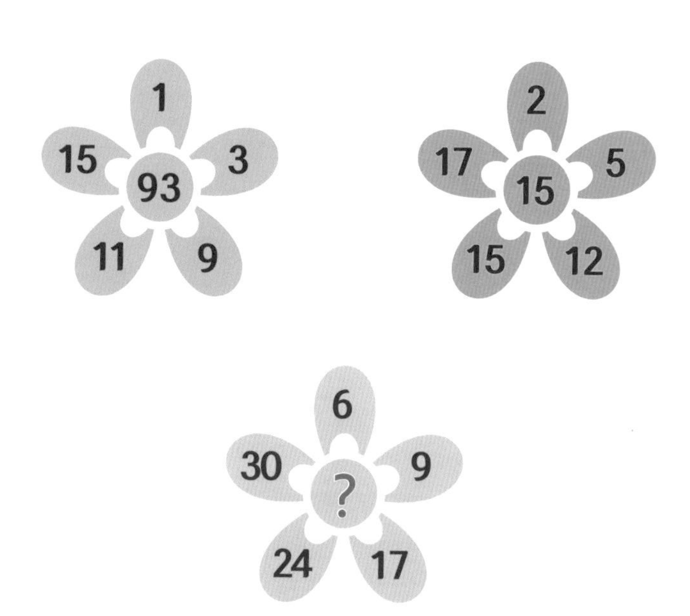

답 133P

86 우산 퍼즐

강풍에 맞아 우산이 뒤집어지려고 합니다. 우산 속 **?**에 알맞은 숫자를 구하세요.

 답 133P

아래 그림을 빛으로 쏘아 검은 그림자로 나타내면 보기 중에서 어떤 그림이 될까요?

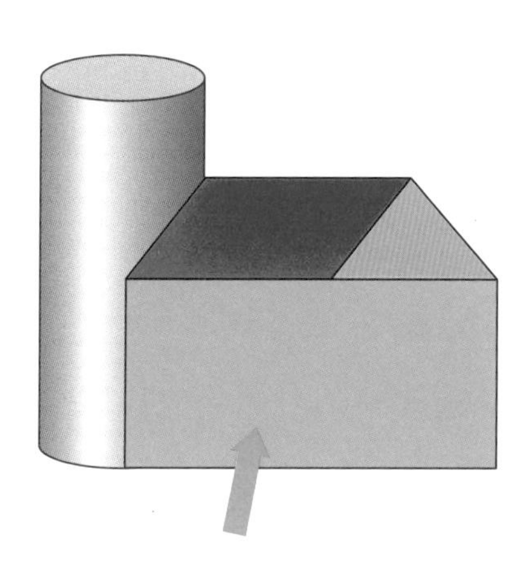

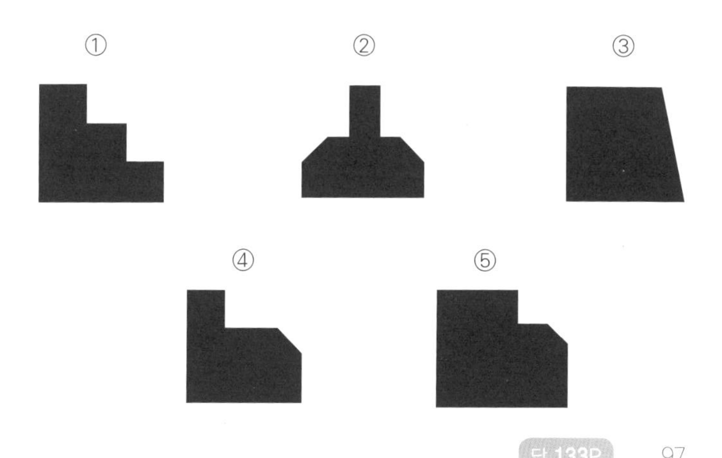

답 133P

88 숫자 구하기

별 모양 안에 들어갈 숫자를 구하세요.

10

답 133P

아래 그림판을 이루는 문양의 종류는 몇 가지일까요?

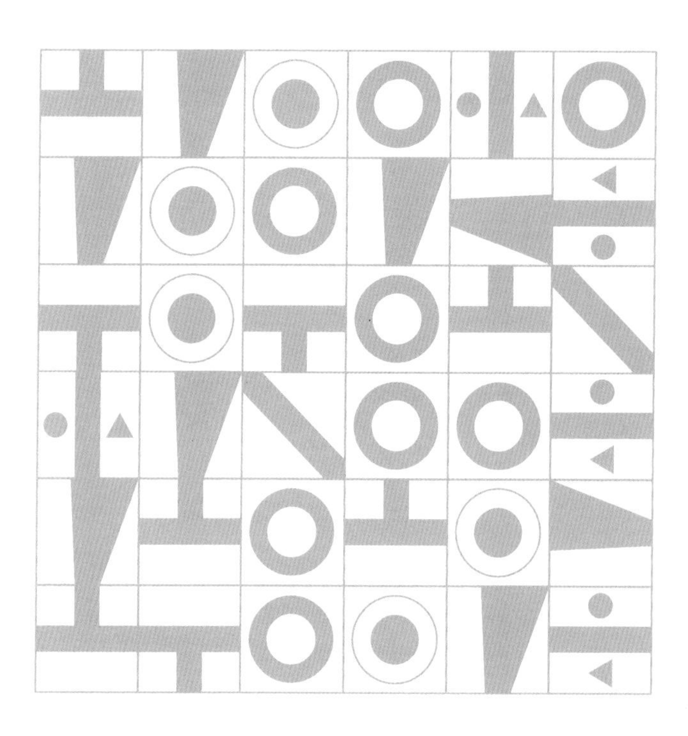

답 133P

90 연결 짓기

?에 들어갈 그림을 보기에서 골라보세요.

답 134P

다음 ?에 들어갈 알맞은 숫자를 구하세요.

답 134P

92 도형 숫자

아래 도형을 보고 **?**에 들어갈 알맞은 숫자를 구하세요.

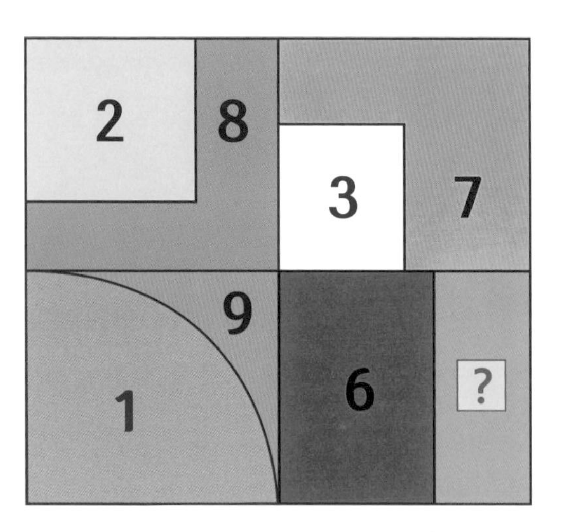

 답 134P

?에 알맞은 숫자는 무엇일까요?

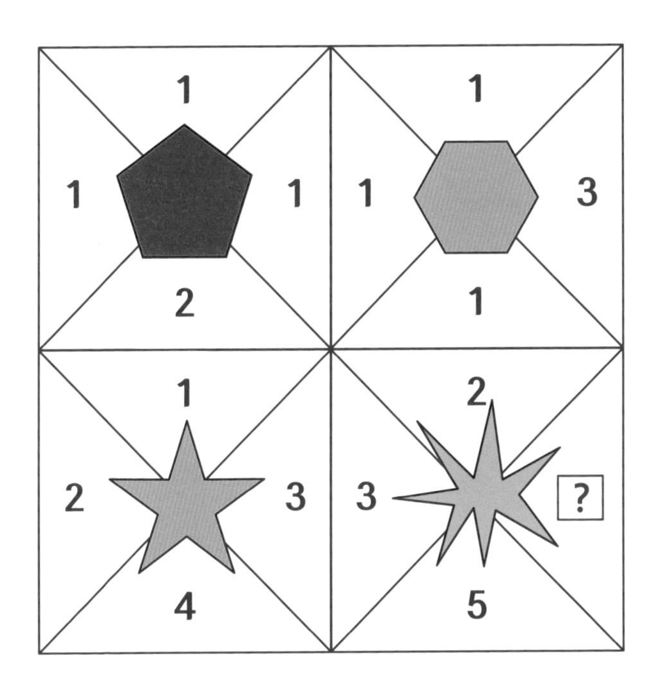

답 134P

벽돌 안에는 숫자가 있습니다. 벽돌과 숫자 사이의 규칙을 찾아 ?에 알맞은 숫자를 구하세요.

 답 134P

다음 그림에서 귀를 찾아보세요.

답 135P

96 문자 수열

아래 문자들의 법칙을 보고, **?**에 알맞은 문자를 맞추어보세요.

답 135P

?에 알맞은 숫자를 구하세요.

답 135P

98 필름 위의 숫자

가영이와 동진이는 필름 위에 숫자가 쓰인 것을 발견했습니다. 그러나 암호인지 어떤 관계가 있는지 알쏭달쏭할 뿐입니다. ?에 알맞은 숫자를 추론해 보세요.

아래 그림에서 규칙을 찾아 ?에 알맞은 숫자를 구하세요.

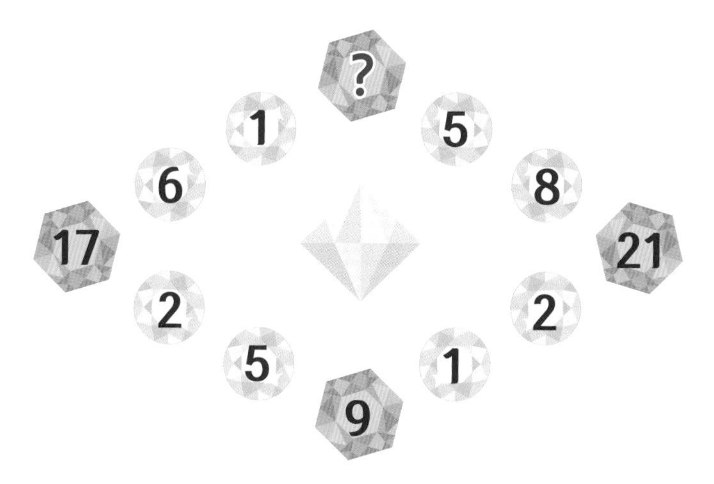

답 136P

100 원기둥 단면

원기둥 4개가 있습니다. 점 A에서 점 B까지 비스듬히 자를 때 어떤 모양이 될지 보기에서 고르세요.

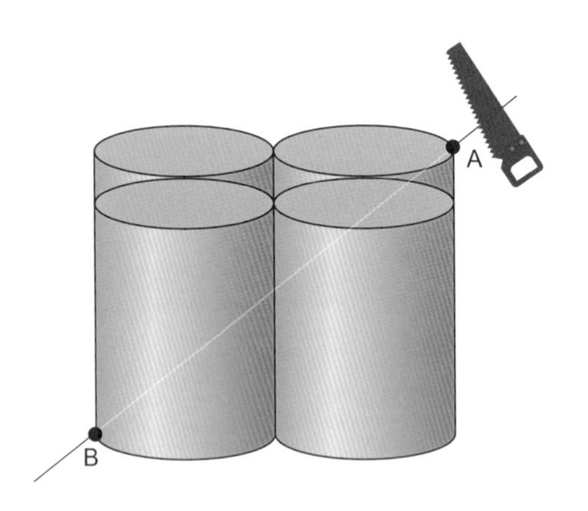

 답 136P

보기

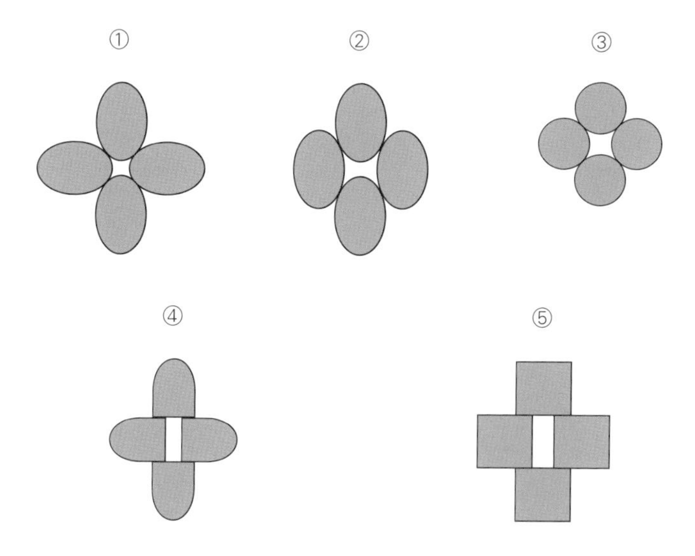

풀이 및 답

1

답 9

풀이 두 톱니바퀴가 맞물리면서 소수인 숫자 13, 17, 19, 23, 2?가 차례대로 만들어집니다.
따라서 ?=9가 됩니다.

2

답 speed zoo 또는
zoo speed

3

답 ③

풀이 도형끼리는 한 점에서 접합니다. ③번 도형에서 정사각형끼리 만나는 선분은 무수히 많은 점과 접한 것이 됩니다.

4

답은 여러 가지입니다. 예로 2개만 보여드리도록 하겠습니다.

답1

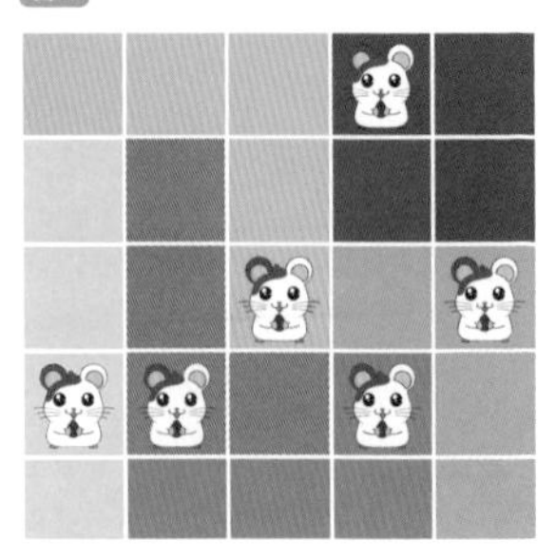

답2

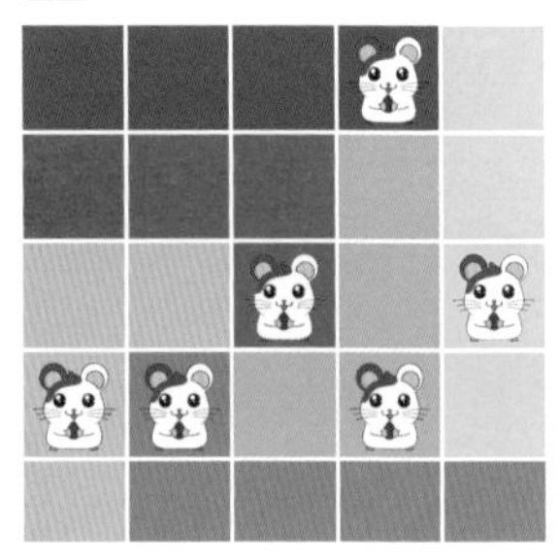

5

답 4

풀이 위에서부터 순서대로
$2^5=32$
$3^5=243$
$2^{10}=102?$
그러므로 ?에 알맞은 숫자는 4입니다.

6

답 rabbit(토끼)

7

답 5

풀이

8

답 들숨에는 건강하시고
날숨에는 돈 많이 버세요

9

답 8

풀이

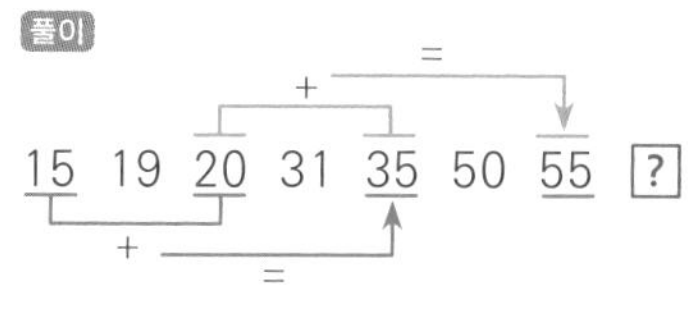

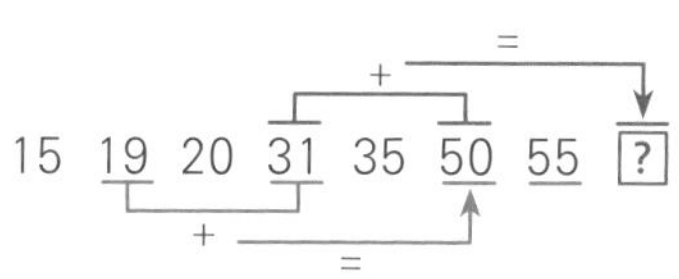

문제에 제시된 숫자를 한 칸씩 띄어서 생각해 보면 밑줄 친 15, 20, 35, 55는 15+20=35, 20+35=55의 규칙입니다. 그리고 나머지 19, 31, 50도 마찬가지의 규칙이므로 31+50=81입니다. 따라서 한 칸에 숫자는 하나씩이므로 **?**에 알맞은 숫자는 8입니다.

10

답 8

풀이

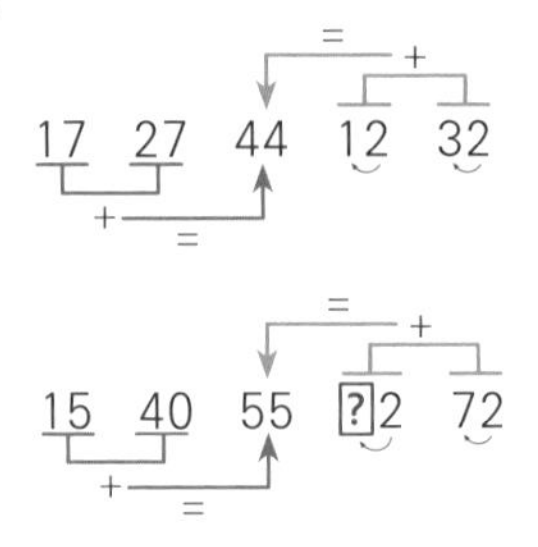

보기의 숫자를 간격을 띄워서 보면 가운데 두 자릿수는 앞의 두 수와 뒤의 두 수의 합의 결과라는 것을 알 수 있습니다. 단 뒤의 두 수의 합은 12+32가 아니라 23+21로 거꾸로 계산하는 것에 주의하면 됩니다.
즉, 빈 칸의 숫자는 27 +2 ? =55이므로 ? =8

11

답

F	O	G
S	A	W
E	T	C

12

답 1

풀이

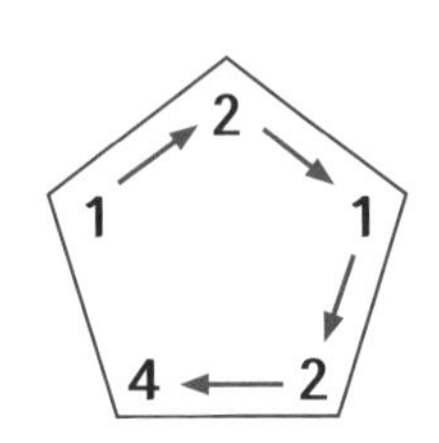

오각형의 왼쪽 위부터 더하고 빼고, 더하는 과정을 거치면 됩니다.
1+2−1+2=4가 되는 것입니다.
따라서 문제에서 3+2−5+1=1

13

답 콩

풀이 2−5−1−14는 알파벳의 순서로 bean, 19−15−25는 soy입니다. 둘 다 콩이라는 의미입니다.

14

답 ③

풀이 도형을 3개, 4개, 5개, 6개로 계속 나눈 것을 보여주고 있습니다. 빈 칸은 7개로 나눈 것을 찾으면 되며, 연두색은 1개, 2개, 1개, 2개, 1개 순서로 나열되기에 빈 칸에는 1개의 연두색이 있으면 됩니다.

15

답 ④

풀이 항공사의 자동화로 빠른 서비스 이용과 탑승 절차, 의료 서비스의 편리함에 대해 설명한 글입니다. ①에서 복잡한 의료행위는 아직은 불가능하다고 기술했으므로 틀린 문장입니다. ②는 결제 서비스가 빠르고 정확한지는 문장의 내용으로는 알 수 없습니다. ③은 소구력까지는 알 수 없습니다. ⑤는 여행객의 수가 많고 적음에 따른 것에 대한 언급은 없습니다.

16

답 3

풀이

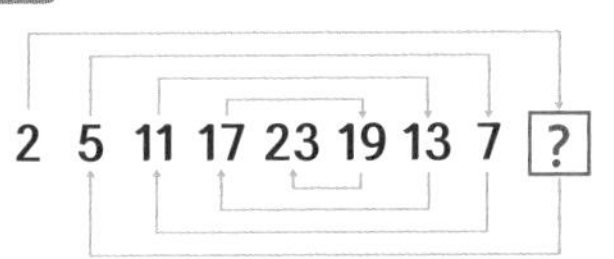

소수를 2부터 23까지 화살표 방향으로 나열한 것입니다.

따라서 [?]=3

17

답 $29^2=841$

18

답 -2

풀이 1열을 (2, 5), 2열을 (4, 3)으로 생각하면 두 수를 더하여 7이 됩니다.
따라서 9+[?]=7이므로 [?]=−2

19

풀이 번개 표시 2개를 빼면 아래처럼 원이 10개 있다는 것을 알 수 있습니다.

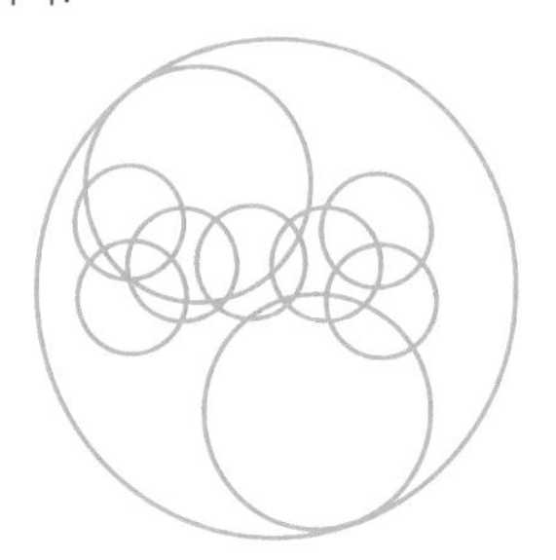

20

답 2

빨간 점선 안의 숫자의 합은 모두 15입니다.
따라서 9+1+1+2+**?**=15에서
?=2

21

답 anna miracle

22

답 ②

풀이 행을 기준으로 오각형 안에 있는 (삼각형의 개수)×2+(사각형의 개수)×3=(원의 개수)가 되는 규칙입니다.
따라서 **?**에 알맞은 원의 개수는 4×2+1×3=11(개)이므로 ②번이 됩니다.

23

답

풀이 공은 처음에는 아래로 1칸, 그 다음은 위로 2칸, 아래로 3칸, 위로 4칸으로 움직이게 됩니다.
따라서 맨 위에 공을 그리면 됩니다.

24

답 3

풀이 한글 자음인 'ㅇ'의 개수입니다. 폭풍의 언덕은 'ㅇ'이 3개이므로 3입니다.

25

풀이

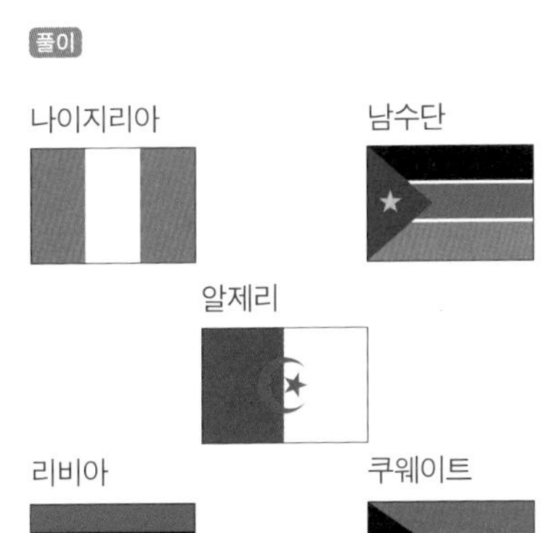

쿠웨이트만 아시아의 국가이며, 나머지는 아프리카에 있는 국가입니다.

26

답 귤 6, 수박 5

27

답 9

풀이 🍍=거듭제곱, 🍓=빼기, 🍇=나누기

3🍍4🍓3🍇26🍍2

=(3×3×3×3)🍓3🍇26🍍2

=81🍓3🍇26🍍2

=(81−3)🍇26🍍2

=78🍇26🍍2

=(78÷26)🍍2

=3🍍2

=9

28

답 612

풀이 시계를 간략히 그려보며 시침과 분침이 180°를 이룰 때를 생각하며 접근합니다.

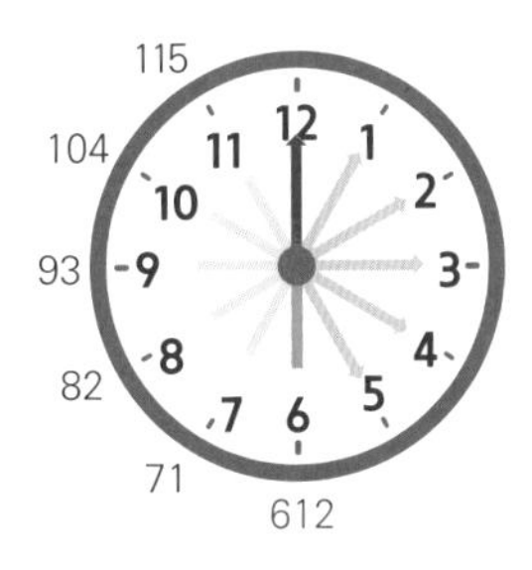

마주보는 숫자를 서로 짝을 지어 반시계방향으로 순서대로 읽으면 71 다음이 612인 것을 알 수 있습니다.

29

답 **차례대로** $\frac{3627}{9}$, $\frac{99}{9}$, 11

풀이 첫 단계 분모와 분자의 차를 다음 단계의 분모에 써넣고, 분모와 분자를 연이어 다음 단계의 분자에 써넣습니다.

두 번째 단계 분모는 그대로 쓰고, 분자의 수를 좌우대칭으로 나눈 후 서로 더합니다.

세 번째 단계 분자를 분모로 나눈 몫을 구합니다.

30

답

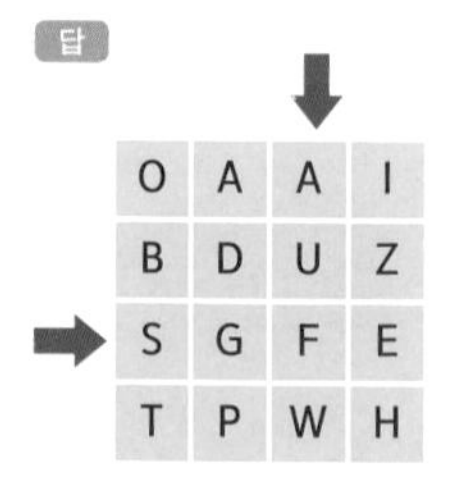

풀이

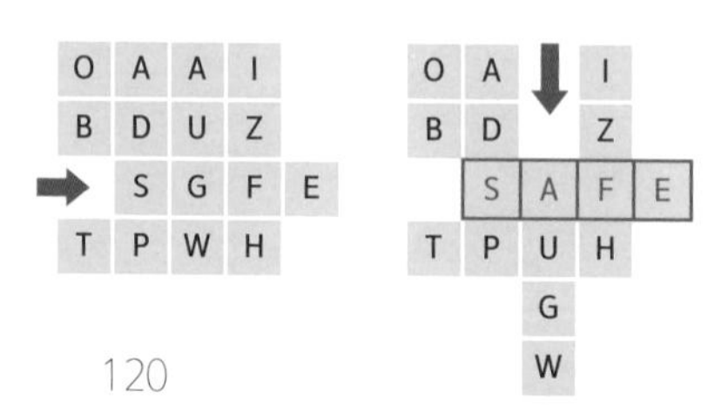

오른쪽으로 한 번, 아래쪽으로 두 번 밀면 SAFE라는 영단어가 만들어집니다.

31

답

풀이

가로로 나열된 기호를 위에서 아래로 붙여 써나가면 ㄴ, ㄷ, ㄹ, ㅁ, ㅂ의 자음 순서인 것을 알 수 있습니다.

따라서 ㅂ의 나머지 부분을 그리면 됩니다.

32

답 $32 \times 3 = 96$

33

답 5

풀이 가장 맨 위의 행을 보면 2 0 2 0이 있습니다. 맨 앞의 2와 맨 뒤의 0을 더하면 2가 되는데, 십의 자릿수까지 나타내므로 02로 나타냅니다. 같은 방법으로 1+4=5에서 05로 나타내므로 **?**=5입니다.

34

답 3

풀이

0	2	?	3
5	4	6	6
5	1	1	0

빨간 부분과 파란 부분의 숫자의 합은 각각 18로 같습니다.
따라서 2+**?**+5+6+1+1=18에서
?=3

35

답 

풀이 칸의 덧셈을 의미합니다.
따라서 3칸에 알맞은 그림을 그리면 됩니다.

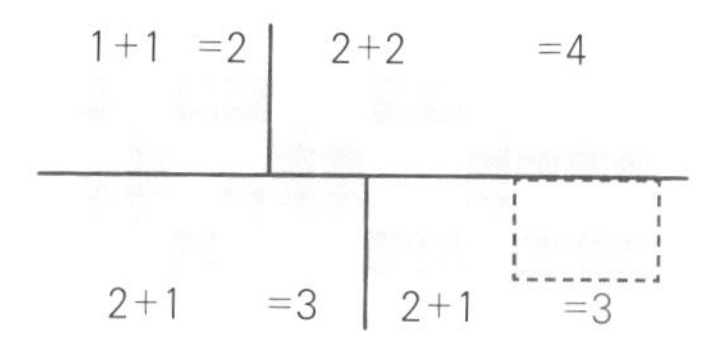

36

답 ⑤

풀이 그림은 가위로 선을 따라 자를 때 생기는 도형의 개수를 파악하면 알 수 있는 규칙입니다. 1행에서 2행으로 갈수록 도형의 개수는 1개씩 늘어납니다. 아래 배열판을 보면 쉽게 알 수 있습니다.

0	1	2
3	4	5
6	7	8

따라서 도형이 8개인 것은 [?]에 해당하는 그림이므로 ⑤번입니다.

37

답 **원숭이**

풀이 ①번 그림은 차(car)+국가(nation)=카네이션(carnation)

②번 그림은 용(dragon)+파리(fly)=잠자리(dragonfly)

③번 그림은 월(mon)+열쇠(key)이=원숭이(monkey)입니다.

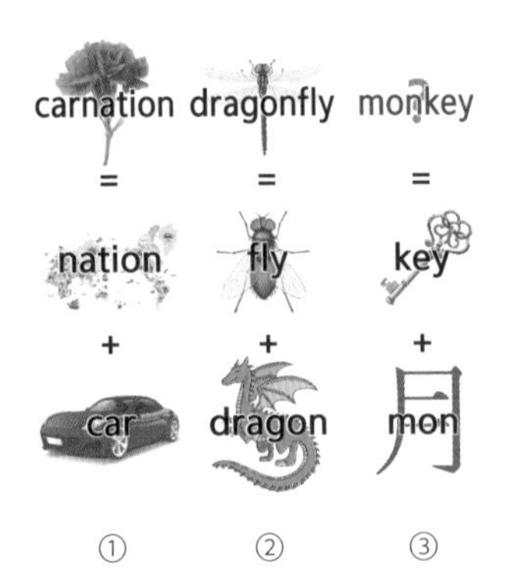

38

답 1

풀이

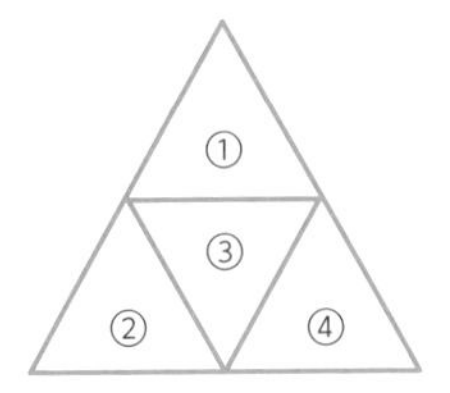

$\frac{①}{③}+\frac{②}{③}$=④의 규칙입니다.

따라서 $\frac{2}{?}+\frac{5}{?}=7$, $7\times\frac{1}{?}=7$에서

?=1

39

답 16

풀이 맨 아래 행부터 두 자릿수씩 더하면서 올라가면 됩니다.

5326 → 88 → 16

40

답 4

풀이 구구단 2단을 알면 충분히 푸는 문제입니다. 화살표 방향으로 숫자가 전개됩니다.

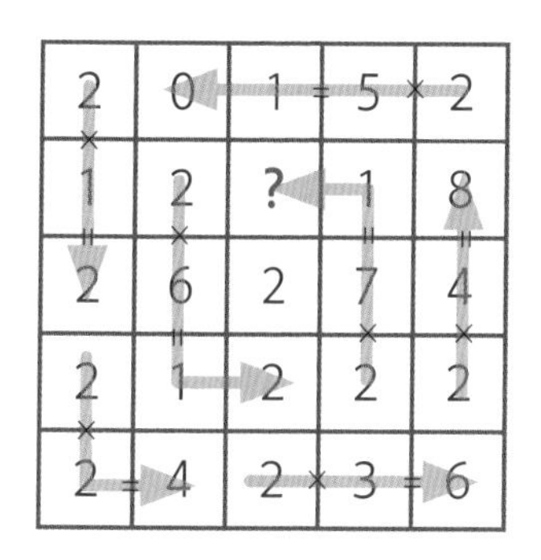

문제에 해당하는 부분은 2×7=14입니다.
따라서 **?**=4

41

답 차례대로 3, 15

풀이

×2　×2　×2

□ 6 7 14 11 22 □

÷2+4　÷2+4　÷2+4

첫 번째 빈칸은 □×2=6에서 □=3,
두 번째 빈칸은 □=22÷2+4=15에서 □=15

42

답 5

풀이

4.2+0.8=?

흐트러진 조각을 위, 아래로 눌러서 가지런히 정리하면 4.2+0.8의 값을 묻는 식이 만들어집니다.
따라서 **?**=5

43

답 2

풀이

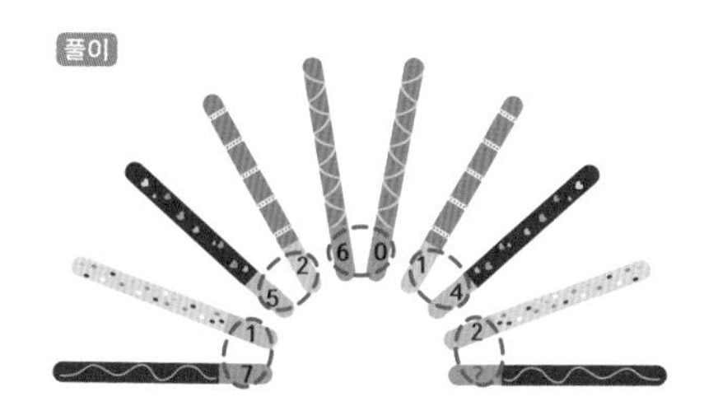

빨간 점선으로 묶인 합을 시계방향으로 이동하면 8, 7, 6, 5, 4로 1씩 감소하는 패턴입니다.
따라서 2+**?**=4이므로 **?**=2

44

답 2

풀이 1열에서 1KM=1000M를 의미합니다. 2열에서 1시간(H)=60분(M)을 의미합니다. 그리고, 3열에서 1타(DOZEN)=12자루(PIECES)를 의미하므로 빈 칸에 알맞은 숫자는 2입니다.

45

답 어린이 보호구역

풀이

좌우로 뒤집으면 어린이 보호구역으로 보입니다.

46

답 7

풀이

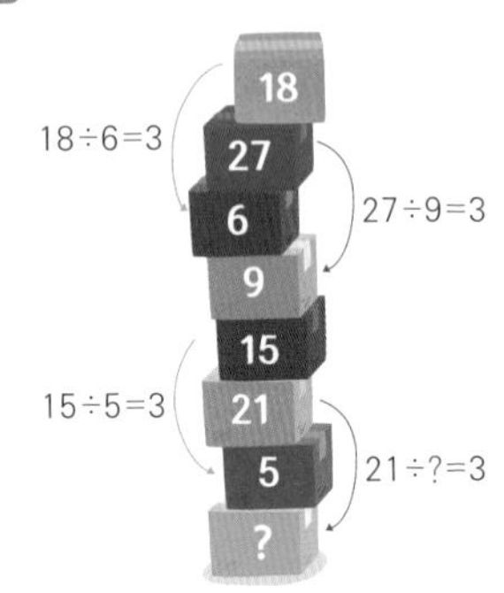

맨 위의 박스를 1번으로 하고, 맨 아래의 박스를 8번으로 했을 때 1번과 3번 박스는 18과 6입니다. 18÷6=3, 5번과 7번 박스는 15÷5=3입니다.
따라서 21÷**?**=3이므로 **?**=7

47

답 ②

풀이 영어 단어의 발음을 떠올리면 됩니다. 발음이 비슷한 두 단어끼리 묶은 것으로 첫 번째 행의 그림은 '길을 따라'의 의미인 along과 혼자라는 뜻의 alone에 관한 그림입니다.
두 번째 행의 그림은 기사라는 뜻의

knight와 밤을 뜻하는 night입니다. 세 번째 행의 그림은 풀이라는 의미의 grass이므로 빈 칸은 glass라는 단어가 들어갈 것을 예상할 수 있습니다. 따라서 ②번 유리창입니다.

48

답

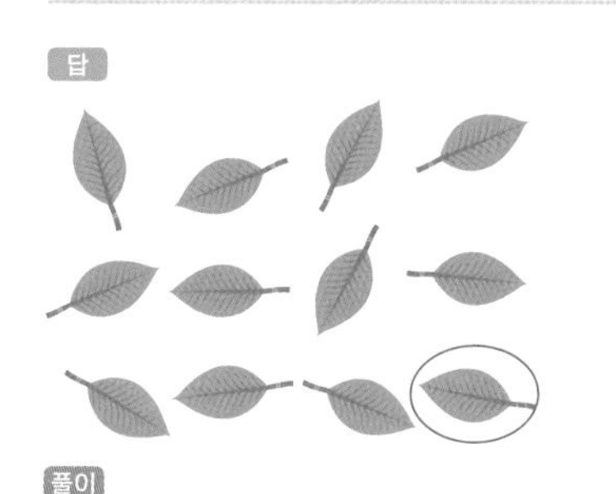

풀이

잎자루에서 차이가 있습니다.

49

답 2

풀이

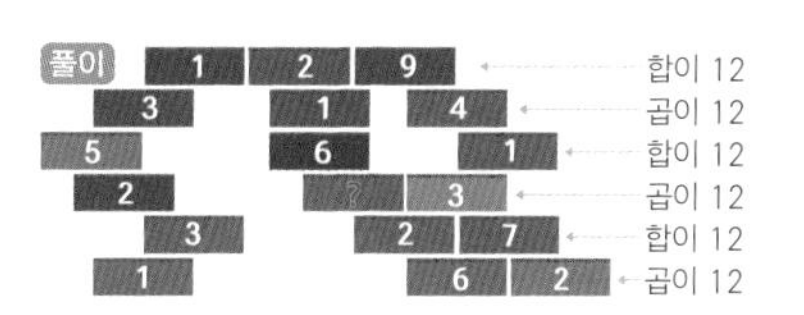

각 층이 번갈아 합이 12, 곱이 12, …의 규칙입니다.
따라서 2×**?**×3=12에서 **?**=2

50

답 ④번

풀이 그림에서 1행은 3획에, 2행은 4획에, 3행은 5획에 그릴 수 있습니다. 따라서 **?**에 알맞은 그림은 5획을 찾으면 됩니다. ①번은 6획, ②번은 4획, ③번은 4획, ④번은 5획, ⑤번은 3획에 그릴 수 있습니다.

51

답 13개

풀이 1칸짜리 삼각형은 7개, 2칸짜리는 5개, 3칸 짜리는 1개이므로 모두 13개입니다.

52

답 

풀이 아래 조각들이 7번씩 쓰였습니다.

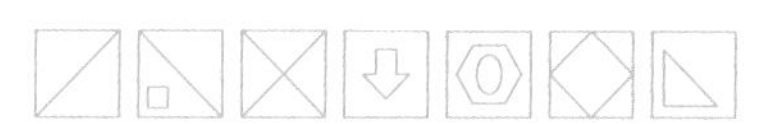

만 6번 그려져 있으므로 그리면 됩니다.

53

답 파이(π)

풀이 원주율 π가 숨어 있습니다.

54

답 36

풀이 맨 윗줄을 보면 A가 1, 3, 4, 8번째에 있습니다. A의 순서에 해당하는 숫자를 모두 더하면 1+3+4+8=16이므로 S16입니다. 두 번째 줄도 같은 방법이지만 B의 순서를 따르면 됩니다.
문제에서 C의 순서에 따라 풀면 4+9+11+12=36입니다.

55

답 0

풀이 첫 행은 36+65=101을 연이어 나타낸 것입니다.
따라서 29+81=110이므로 빈 칸에 알맞은 숫자는 0입니다.

56

답 5

풀이

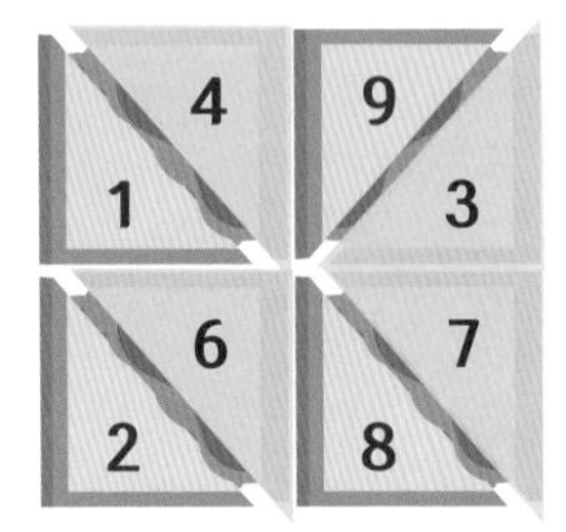

왼쪽 판 안에서 노란색으로 칠한 부분의 숫자의 합은 20, 주홍색으로 칠한 부분의 숫자의 합도 20입니다.
따라서 4+4+7+5=**?**+5+8+2에서 **?**=5

57

답 0

풀이 각 행에 1이 2번 나타납니다.

58

답 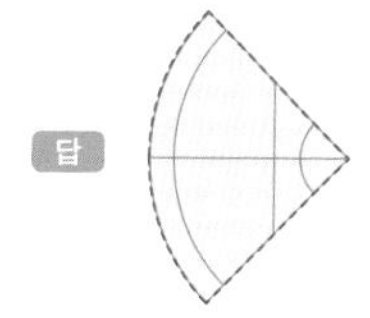

풀이

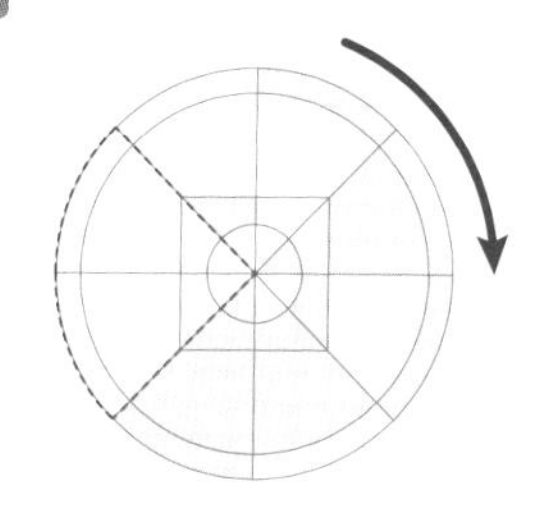

시계방향으로 이동할수록 파란색으로 칠한 부분이 2칸, 4칸, 6칸, 8칸으로 2칸씩 증가합니다.
따라서 점선 안은 8칸 모두를 칠합니다.

59

답 1

풀이 각 행의 숫자들의 합은 항상 7입니다.
따라서 5행에 있는 문제는
3+0+3+0+0+ [?] +0=7에서
[?] =1

60

답 5

풀이 '가로의 2개의 칸의 숫자=나머지 칸의 숫자들의 합'입니다.
따라서 2**?**=3+6+9+7에서
2**?**=25이므로 **?**=5

61

답 13

풀이 각 한자들의 사각형의 개수를 의미합니다.
따라서 가화만사성에는 13개의 사각형이 있습니다.

62

답 **무리수 π가 3개 있습니다.**

풀이 빨간색 부분이 무리수 π입니다.

63

답 ②

닻-춤-말-? 순으로 그림이 전개됩니다. 이 규칙에 따라 받침자가 그 다음 그림 초성에 연결되어야 합니다.
따라서 말 다음은 'ㄹ'로 시작하는 단어를 찾으면 되므로 링이 정답입니다.

64

답 앵두

65

답 64

풀이 101×101=4을 보면 101의 각 자릿수를 더한 합은 1+0+1=2입니다. 그러면 2×2=4라는 것을 알 수 있습니다. 각 자릿수를 더한 것끼리 곱하면 되는 것입니다.
따라서 602×602=8×8=64

66

답 S

풀이 STTSTSTTTSST가 계속 반복되고 있습니다.
따라서 빈 칸에 넣어야 할 알파벳은 S입니다.

67

답 다복

풀이

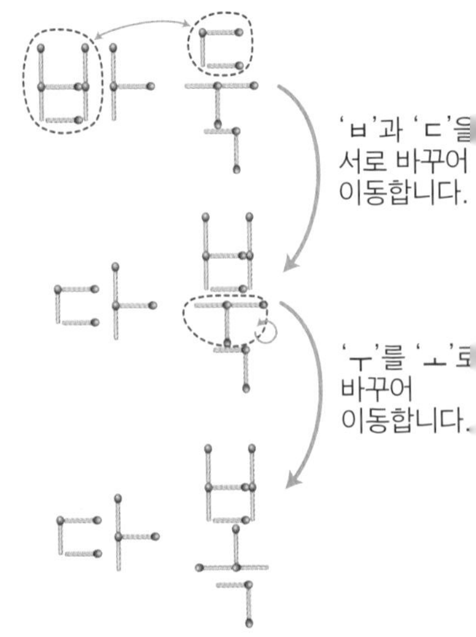

68

답 2, 3

풀이

6

모든 자릿수를 더합니다.

114

백의 자릿수는 그대로 둡니다.
십의 자릿수와 일의 자릿수를 더합니다.

168

백의 자릿수와 십의 자릿수를 더하고
일의 자릿수는 그대로 둡니다.

798

두 자릿수끼리
서로 더합니다.

253671

위의 방법에 따라 문제의 빈 칸은 차례대로 2, 3입니다.

69

답 phoenix(불사조)

70

답 6

풀이 소수점 첫째 자리와 둘째 자리에 있는 숫자는 2와 4입니다. $2^2=4$로 보면, 다음에는 $4^2=16$이므로 16을 이어 쓸 수 있습니다. 그러면 $16^2=256$이므로 빈 칸에 알맞은 숫자는 6입니다.

71

답

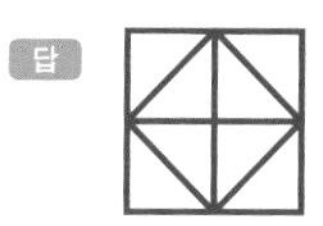

풀이 1행은 $2\times2=4$를, 2행은 $3\times3=9$를 나타냅니다. 마지막 3행은 4×4이므로 16을 나타내므로 16개의 선으로 모두 채워 그립니다.

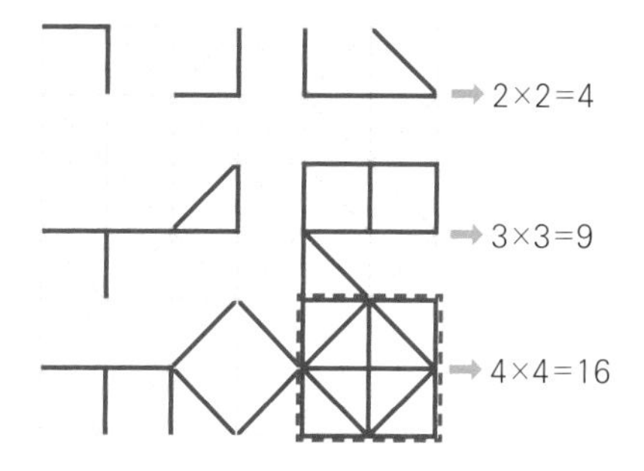

72

답

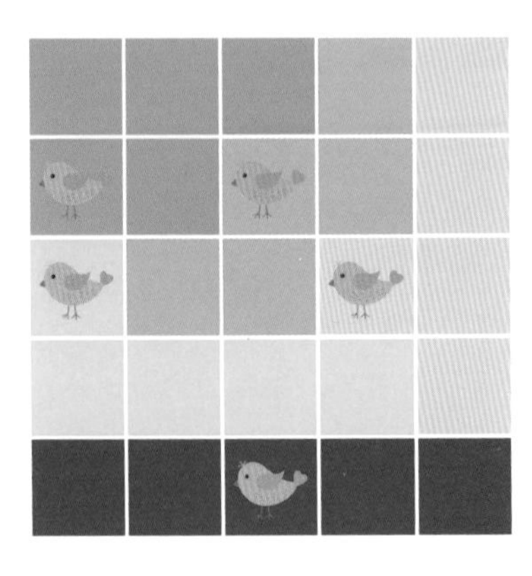

73

답

풀이 1행을 보면 검은색 카드의 숫자 10과 2를 조합하여 10÷2=5가 되고, 빨간색 카드 1, 2, 2를 조합하여 1+2+2=5가 되는 규칙입니다. 따라서 3행에서는 12÷2=6이므로 1+2+**?**=6에서 **?**=3이며 빨간색 하트 3입니다.

74

답 ②

풀이 천사는 영어로 angel, 각도는 angle, 화살표는 신호를 의미하므로 sign입니다. angel과 angle은 단어 뒤의 2개의 철자가 서로 바뀐 것입니다. 따라서 sign을 같은 방법으로 바꾸면 sing이 되어 노래하는 모습인 ②번이 됩니다.

75

답 ⑤

풀이 직선을 그릴 때 필요한 최소 개수는 ①, ②, ③, ④번은 3이며, ⑤번은 4입니다.

76

답 WIDE, BLUE, FISH, DEEP

풀이 바다를 떠올릴 수 있는 단어 WIDE(넓은), BLUE(푸른), FISH(물고기), DEEP(깊은) 등의 4개의 단어를 만들 수 있습니다.

77

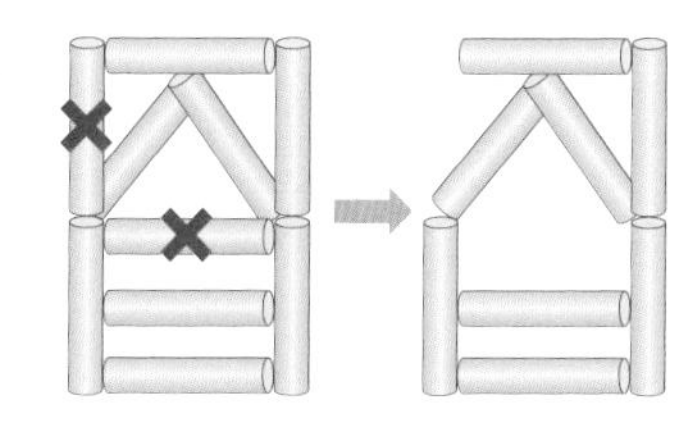

풀이 수수깡 2개를 빼내면 '집'이라는 글자가 만들어집니다.

78

답

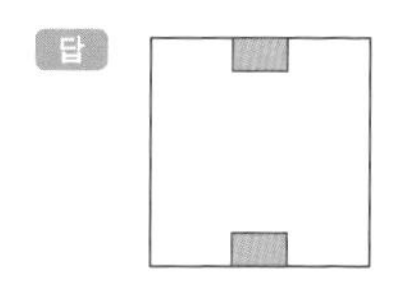

풀이 맨 위의 1행과 그 아래 2행의 공통된 부분이 3행의 그림입니다. 그리고 3행의 그림은 모두 파란색입니다.

79

답 $|-0.2|=\frac{1}{5}$

풀이

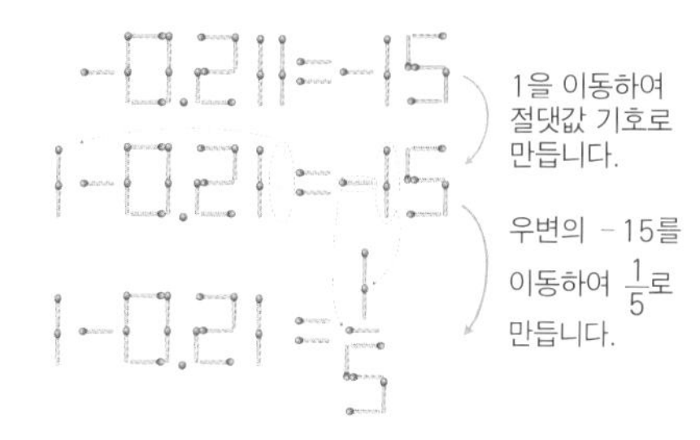

80

답 DOCTOR(의사)

풀이 연필이 가리키는 행의 알파벳 C, R은 그대로 둡니다. 그러나 연필이 가리키는 행에서 1칸씩 벗어난 C와 N은 다음 알파벳 D와 O를 아래에, P와 U는 앞의 알파벳 O와 T를 위에 적습니다. 알파벳을 나열하면 DOCTOR가 완성됩니다.

81

답 W

풀이 LAE에서 L은 그을 수 있는 선분이 최소 2개, A는 3개, E는 4개입니다.
이와 같은 규칙을 적용하면 TY[?]에서 T가 2개, Y는 3개이며, 빈 칸에 알맞은 알파벳은 W입니다. 그을 수 있는 최소선분이 4개인 알파벳은 E, M, W 3개밖에 없습니다.

82

답 1

풀이

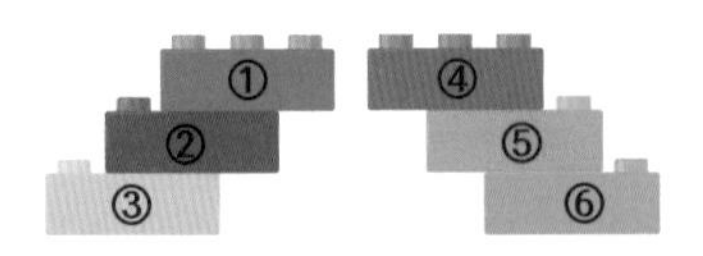

위 그림에서 ①+②+③=④−⑤−⑥=6이 성립하므로 문제에서는 8−**?**−1=1+2+3=6에서 **?**=1입니다.

83

답 ②

풀이 파란색, 주황색, 노란색의 영어 이니셜은 B, O, Y이며 그 옆 그림은 소년입니다. 문제에서 자주색, 빨간색, 주황색의 이니셜은 P, R, O로 PRO가 됩니다.

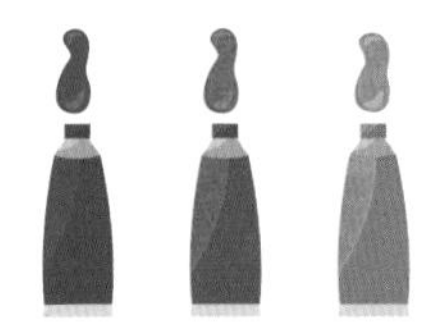

PRO는 베테랑 또는 전문가를 의미하므로 ②번 그림인 골프선수를 선택하면 됩니다.

84

답 7

풀이 $8=2^3$
$25=5^2$
$7=7^1$
위의 배열판처럼 밑과 지수의 위치를 만들면 [?]=7입니다.

85

답 68

풀이

①+②+③+④+⑤의 결과값과 ⑥의 일의 자릿수와 십의 자릿수를 바꾼 수는 같습니다.
따라서 6+30+24+17+9=86이므로 ?=68입니다.

86

답 2

풀이 우산의 같은 색 부분의 숫자끼리 계산한 결과값이 1, 3, 5, 7로 2씩 커지는 규칙입니다.

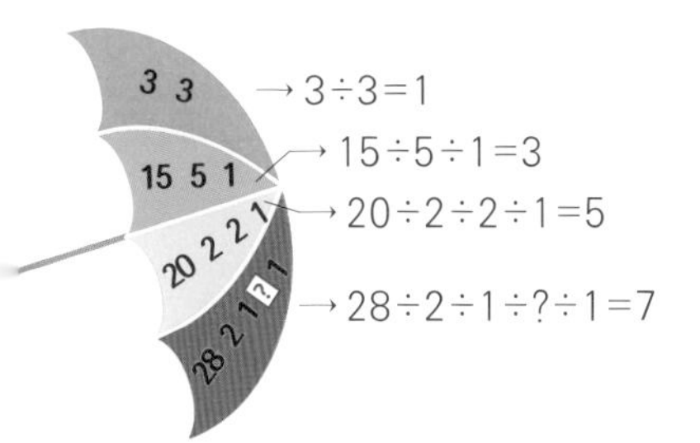

우산의 빨간색 부분은 28÷2÷1÷[?]÷1=7이어야 하므로 [?]=2입니다.

87

답 ④

88

답 2

풀이 선분의 꼭지점 또는 도형의 꼭짓점의 개수와 해당 숫자의 곱은 항상 20입니다. 별 모양의 도형은 10각형이며, 꼭짓점은 10개입니다.
따라서 ?=2입니다.

89

답 **6가지**

풀이

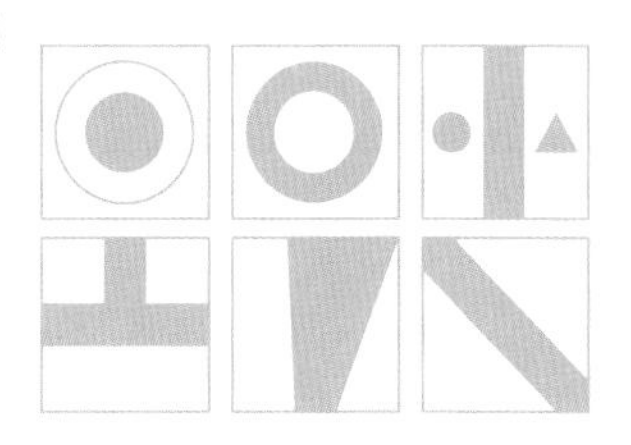

90

답 ③

풀이 '도레미파솔라시도'를 알면 풀 수 있는 문제입니다. 위의 그림들은 달러－마패－사랑－수달로 되어 있습니다. 초성 자음을 모으면 '도레미파솔라시도'의 ㄷㄹ－ㅁㅍ－ㅅㄹ－ㅅㄷ임을 알 수 있습니다.
따라서 ?에 알맞은 그림은 ㄹㅁ이므로 레몬을 찾으면 됩니다.

91

답 2

풀이

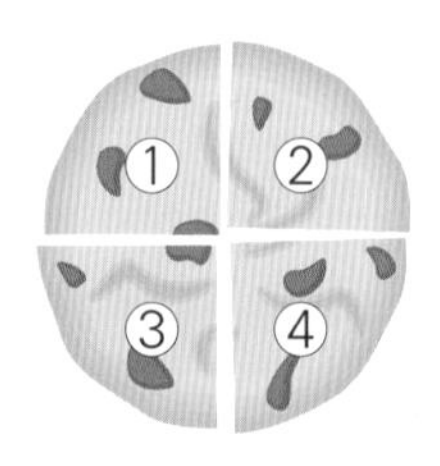

$\frac{②}{④}+\frac{③}{④}=①$의 규칙입니다.
따라서 ?에 알맞은 숫자는 $\frac{7}{6}+\frac{5}{6}$이므로 2입니다.

92

답 4

풀이 크게 4등분으로 나누면
2+8=3+7=1+9=6+?=10입니다.
따라서 ?=4

93

답 4

풀이 각 도형의 변의 수 또는 꼭짓점 수에 따라 주변의 숫자의 합이 결정됩니다. 문제에서 14각형이므로
2+3+5+?=14이므로 ?=4

94

답 4

풀이 벽돌 안의 숫자는 주변에 인접한 벽돌의 개수입니다.
따라서 ?는 4가 됩니다.

95

답

풀이 귀 耳를 찾으면 됩니다.

96

답 솔

풀이

월 화 수 목 금 토 일

빨 주 노 초 파 남 보

도 레 미 파 솔 라 시

요일, 색깔, 음에 대한 7개를 나열한 후 문제에 접근하면, 대각선 방향으로 문자가 나열된 것을 알 수 있습니다.

따라서 '초' 다음에 '솔'이 됩니다.

97

답 9

풀이

①+②+③=④×⑤×⑥의 규칙입니다.

따라서 4+7+[?]=1×4×5이므로 [?]=9

98

답 4

풀이 필름 위의 숫자를 3자리씩 끊어 봅니다.

523 716 853 95[?] 725

백의 자릿수는 십의 자릿수와 일의 자릿수의 합입니다. 523에서 5는 2와 3의 합이 됩니다.

따라서 95[?]에서 9=5+[?]이므로 [?]=4

99

답 53

풀이

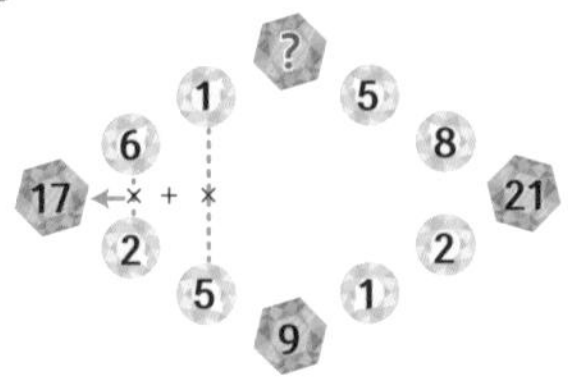

위 그림처럼 점선으로 이은 숫자를 2개씩 서로 곱하여 더하면 화살표가 가리키는 숫자가 됩니다. 즉 $6\times2+1\times5=17$

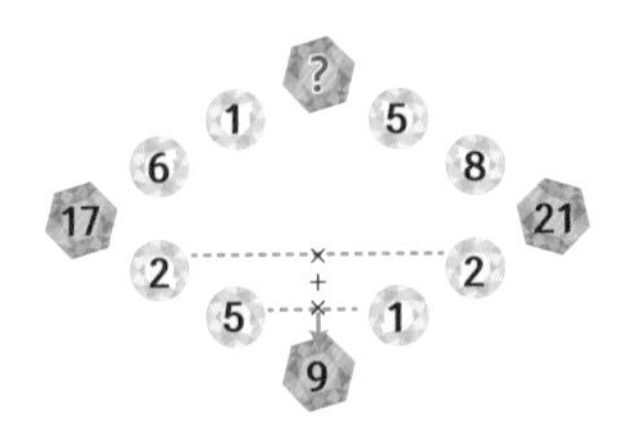

위의 그림도 $2\times2+5\times1=9$입니다. 따라서 문제에서는 $1\times5+6\times8=$**?**이므로 **?**=53입니다.

100

답 ②